LE PHYLLOXERA

ET LES

VIGNES AMÉRICAINES

Guide pratique du Vigneron

PAR

J.-E. ROBIN

Chez l'Auteur

A LAPEYROUSE-MORNAY, PAR MORAS (DRÔME)

De l'Imprimerie Savigné, à Vienne

1875

En écrivant cette courte notice sur le phylloxera *et les* vignes américaines, *je n'ai pas eu la prétention de rien dire de nouveau sur ces deux sujets.*

Au contraire; de ce que j'ai appris par les autres, et c'est la grosse part, comme aussi de ce que j'ai tenté et observé dans mes propres cultures, je n'ai retenu que ce qui m'a paru constant, positif, élaguant tout le reste comme inutile ici.

Je n'ai eu qu'un but : donner aux vignerons ce que j'ai désiré et vainement cherché moi-même au début de mes plantations de vignes américaines : un Guide pratique *dont les indications, si incomplètes qu'elles soient, suffiront à les diriger dans leurs premiers travaux et les mettront à même d'éviter ces tâtonnements, ces essais dans lesquels on gaspille presque toujours son temps et son argent.*

J'ai divisé cet opuscule en deux parties.

Dans la première, je me suis occupé du phylloxera, et, étant démontrée l'impossibilité de le détruire, j'ai traité, dans la seconde, des vignes américaines, dont la culture est le seul moyen vraiment pratique d'annihiler les effets du terrible puceron.

LE PHYLLOXERA

ET

LES VIGNES AMÉRICAINES

PREMIÈRE PARTIE

DU PHYLLOXERA

Le phylloxera est-il cause ou effet ?

Je ne parlerais même pas de cette question, si la doctrine du phylloxera-effet ne comptait encore parmi ses partisans des hommes de haut mérite et faisant à juste titre autorité en viticulture.

Dans cette doctrine, tout ce qui a été donné comme cause efficiente du mal, se résume en une prétendue dégénérescence de la vigne, qui serait la conséquence fatale de notre obstination à transgresser les lois naturelles à son égard, en forçant sa culture, en la multipliant par des procédés artificiels, en la ramenant trop longtemps à la même place.

Je n'ai pas besoin de faire remarquer aux vignerons praticiens combien la végétation luxuriante de toutes les vignes bien tenues proteste contre cette allégation de dégénérescence.

Mais comment concilier cette cause qui devrait, ce semble, agir en tous lieux et en même temps sur les variétés arrivées au même degré de décrépitude, et ne frapper les variétés diverses qui peuplent un vignoble que dans l'ordre de leur appauvrissement relatif, avec cette allure toujours la même du fléau, se montrant d'abord comme au hasard sur un ou plusieurs points, puis s'étendant dans tous les sens à la manière d'une tache d'huile, et finalement couvrant le vignoble tout entier, et cela, qu'on le note bien, sans aucune acception ni de sol, ni de culture, ni de cépages, à tous les degrés variés à l'infini que comportent ces trois circonstances ?

A ces agissements, qui se compliquent encore de cette singulière particularité que, pendant que le mal consomme la ruine des vignes premières envahies, il se manifeste, soit dans celles qui les avoisinent, soit dans d'autres très-distantes, pourquoi ne pas donner pour cause cet insecte qu'on voit à l'œuvre, d'abord attaché aux premières souches sur lesquelles il apparaît, tant qu'il y trouve sa nourriture ; puis, guidé par l'instinct de la conservation et par la satisfaction de ses appétits, passer de la souche dont il a vécu à celle qui doit le faire vivre, allant ainsi du centre à la circonférence, en avant et non pas à la suite du mal, de telle sorte que si, dans sa marche souterraine, il rencontre un obstacle comme un ruisseau ou un chemin, il s'arrête et se détourne, le mal s'arrêtant et se détournant avec lui ; et, pendant ce temps-là, se multipliant à l'infini, et, comme une ruche trop pleine, essaimant ses générations ailées qui se jettent sur les cultures rapprochées ou vont s'échouer au loin au gré des vents qui les ont saisies ?

On le voit, si l'hypothèse, je pourrais dire la chimère,

de la dégénérescence de la vigne se brise à tous les faits, le phylloxera, sous sa double forme aptère et ailée, s'y prête et les explique merveilleusement.

Le phylloxera tue ou affaiblit la vigne, tout comme l'affaiblissent et la tuent parfois beaucoup d'autres insectes ampelophages, tels que le gribouri, le ver blanc, la pyrale; et cependant il ne vient à la pensée de personne de prétendre que ces insectes sont, eux aussi, des effets des dommages caractérisés par leur présence sur les divers organes de la vigne.

Au reste, ce qui prouve directement que le phylloxera est bien cause et seul cause, c'est ce double fait aussi constant qu'irréfutable, que, si on tue le puceron, le mal s'arrête et guérit, et que si on ne le tue pas, quoi qu'on fasse d'ailleurs, le mal s'aggrave et s'étend.

Tous les vignerons savent que l'eau est loin d'être favorable aux cultures dans lesquelles elle séjourne, et cependant c'est en asphyxiant le phylloxera par la submersion de ses vignes durant des mois entiers, que M. Faucon les a rendues à la vie.

Tous les vignerons savent encore que le fumier, aidé des binages voulus, est le réparateur par excellence des vignes épuisées, et cependant on n'en cite pas encore un seul, parmi les miliers qui ont prodigué l'engrais et multiplié les façons dans leurs vignes phylloxerées, ayant pu empêcher ces vignes, atteintes dans leurs organes nourriciers, de mourir de faim au milieu de cette abondance et de ces soins dont elles ne peuvent plus profiter.

Toutefois, il n'est pas sans intérêt de remarquer que si les phylloxeristes-effet sont amenés par leur système à demander des cépages nouveaux, plus vivaces, ne portant pas en eux le germe de cette maladie qui se manifeste par le phylloxera, les phylloxeristes-cause, par leur impuissance à détruire le puceron dans la plupart des cas, sont conduits, eux aussi, à chercher de nouvelles vignes, des vignes résistantes. Ainsi, les efforts de tous, mis en mouvement par des mobiles divers, paraissent converger vers le même but : trouver des cépages, différents sous certains rapports, de ceux que nous possédons.

De l'origine du phylloxera.

Les lois de la nature étant immuables, la raison ne peut admettre que le phylloxera ait toujours existé dans nos vignes, dont il est l'ennemi mortel, sans y avoir jamais révélé sa présence par aucun dommage.

D'où est-il venu ? Ici, la preuve directe fait défaut. Mais deux faits ne permettent guère de douter que c'est aux États-Unis d'Amérique que l'Europe doit cette fatale importation.

Le premier, c'est que les États-Unis sont jusqu'aujourd'hui la seule contrée où l'on ait découvert le phylloxera et pu constater son existence à une date bien antérieure à l'invasion de nos vignes.

Le second, c'est que c'est auprès ou aux alentours de collections de cépages américains que se sont parfois montrées les premières taches phylloxeriques, non-seulement en France, mais encore en Angleterre, en Suisse et en Allemagne.

Ce dernier fait, alors même qu'on viendrait à découvrir le phylloxera dans d'autres pays, laissera toujours probable l'origine américaine de cet insecte.

Au reste, cette question, à propos de laquelle il s'est fait beaucoup de bruit, est dépourvue par elle-même de tout intérêt pratique.

La seule chose qu'il importe de retenir, c'est que le phylloxera existe en Amérique et qu'il est de tous points identique au nôtre.

Des moyens de destruction du phylloxera.
De la submersion.

Peut-on détruire le phylloxera? On n'en saurait douter.

La submersion a fait ses preuves, et tous ceux qui, à l'exemple de M. Faucon, l'ont employée dans les conditions indiquées par son inventeur, n'ont eu qu'à se louer de ses résultats.

Je n'ai rien à dire de ce procédé sous le rapport de son installation et de sa mise en œuvre. Je n'apprendrais rien à personne. Mais il ne sera pas sans utilité de se rendre compte de son mode d'action. Cette observation, faite ici, aura son intérêt lorsqu'il s'agira tout-à-l'heure d'apprécier la valeur efficace d'autres procédés.

L'eau, amenée dans la vigne, doit y séjourner le temps voulu, deux mois environ, et y être maintenue sans aucune interruption à l'état de nappe submergeante. C'est en effet dans ces conditions-là seulement qu'elle peut, pénétrant dans son intégralité le sol occupé par les racines, chasser, sans qu'il se renouvelle, l'air indispensable à la vie du phylloxera, et finalement le tuer par asphyxie partout où elle le rencontre et l'enveloppe.

Ainsi s'explique l'efficacité de la submersion; et si une chose surprend, c'est qu'à cette noyade générale et prolongée il puisse échapper quelques pucerons. Et cependant il en est ainsi. Mais le nombre des survivants est si restreint que, quelle que soit leur multiplication effrayante, ils ne peuvent, pendant les quelques mois qu'ils ont devant eux, causer à la vigne un dommage sensible. La submersion est là, pouvant être renouvelée chaque hiver, sans frais pour ainsi dire appréciables; toutes circonstances qui rendent ce procédé éminemment pratique.

Malheureusement, la submersion exige une masse d'eau, et, avec cela, un sol et surtout un sous-sol ayant une certaine consistance. Pour ces deux raisons principales, son usage sera toujours excessivement limité.

Des autres moyens de destruction du phylloxera. Procédés Dumas, Rohart, etc.

Existe-t-il d'autres moyens de destruction du phylloxera? En théorie, oui; car les insecticides ne manquent pas, et tous sont bons lorsqu'ils peuvent atteindre le puceron. Mais lorsqu'on veut, des données spéculatives, passer à leur application sur le terrain, les difficultés auxquelles on se heurte sont pratiquement insurmontables.

Et d'abord, je n'ai jamais compris comment la plupart des inventeurs de moyens prétendus curatifs peuvent s'attacher au nombre des ceps d'une vigne, soit pour les diverses opérations que nécessite leur système de traitement, soit pour l'évaluation des frais.

Ce qui est à traiter et à guérir, ce n'est pas la partie externe, aérienne de la souche, mais bien la partie sous terre, les racines. Or, les racines d'une vigne d'un hectare, par exemple, que cette vigne compte mille, dix mille ou vingt mille ceps, occupent par leurs ramifications infinies la surface toute entière, descendant à plus d'un mètre dans les terres substantielles et profondes.

C'est donc, si l'on veut arriver à la destruction de l'insecte, cette masse énorme de terre de dix mille mètres cubes et plus, qu'il faut imprégner dans son intégralité de la substance délétère.

On voit de suite le cas qu'on doit faire et le résultat qu'il faut attendre de tous ces procédés où l'insecticide pour chaque souche est pesé au gramme ou mesuré au centilitre.

Mais, par contre, on voit aussi la dépense considérable que doit nécessiter tout procédé à insecticide, appliqué de manière à atteindre et détruire le phylloxera dans les profondeurs du sol.

Dans la submersion, l'agent actif, l'eau, opère seule pour ainsi dire; les vannes levées, elle se met en marche d'elle-même, pénètre le sol, le submerge, y séjourne, et, sa tâche accomplie, se retire encore d'elle-même. Dans toutes ces opérations, la main d'œuvre est presque nulle, la dépense insignifiante.

Dans les procédés à insecticides, au contraire, il y a d'abord les frais d'achat de l'agent délétère, frais qui seront toujours élevés si l'on veut remplir la condition indispensable au succès, la pénétration du sol; puis à côté de cette dépense qu'on peut cependant chiffrer, il y aura cette autre dépense à peu près illimitée ou au moins toujours inconnue de la main d'œuvre nécessitée par chaque opération du traitement.

Je ne parlerai ici, et au point de vue du prix de revient seulement, que des procédés Dumas et Rohart qui se disputent aujourd'hui l'attention du public viticole, et qui tous deux, pourvu qu'on se préoccupe moins des déboursés que du résultat, sont de nature, je suis le premier à le reconnaître, à détruire le phylloxera.

Dans le procédé Dumas, c'est l'eau qui est employée comme véhicule de l'insecticide, le sulfo-carbonate de potassium. D'après ce que j'ai dit plus haut, cette seule circonstance le condamne comme moyen pratique. M. Mouillefert affirme, il est vrai, qu'une fosse par mètre carré, et dans chaque fosse cinq litres d'eau en hiver, et trente à cinquante en été, sont suffisants; ce qui ferait, dans le premier cas, cinq cents hectolitres, et dans le second, cinq mille hectolitres d'eau par hectare. Je ne crois pas me tromper en disant qu'il faudrait décupler ces quantités si l'on voulait, non pas tremper à fond, ce qui serait inutile, mais seulement humecter, mouiller d'une manière suffisante cette masse énorme de plus de cent mille hectolitres de terre habituellement occupés par le système radiculaire de la vigne.

Mais j'accepte les indications de M. Mouillefert et je nombre :

Achat de sulfo-sel ;

Transport de l'eau ;

Mélange de l'eau avec le sel ;

Creusement des fosses ;

Epandage du mélange ;

Recouvrement des fosses.

Je laisse à d'autres le soin de faire l'addition, bien convaincu que presque partout le total dépassera la valeur de la vigne.

Le procédé Rohart se passe de l'eau et insuffle directement dans le sol des vapeurs insecticides. Son application, évidemment, doit être moins coûteuse que celle du procédé Dumas, et, dit-on, M. Rohart se charge de tout, même du succès, moyennant dix centimes par cep.

Ce mode d'évaluation des frais, j'ai déjà fait cette remarque, est tout à fait défectueux. Ce n'est pas la tête de la souche qui est à traiter, c'est son pied, et par conséquent le sol où il a son siége.

Si donc il s'agit du sol, les frais doivent nécessairement varier dans des proportions considérables, suivant que ce sol sera compacte ou perméable, franc ou caillouteux, superficiel ou profond; telle ou telle de ces circonstances, ou d'autres qui se présenteront, pouvant même constituer des empêchements à peu près insurmontables à la pénétration des vapeurs insufflées. Mais je veux bien admettre le chiffre de M. Rohart. Les frais s'élèveront au moins à mille francs l'hectare, pour nos vignes en foule, et de quatre à cinq cents francs pour nos vignes en lignes espacées : eh ! bien, il n'y a pas une vigne ordinaire qui puisse, sur son produit moyen, allouer des sommes semblables à la destruction du phylloxera. Car, il ne faut pas le perdre de vue, ce n'est pas aux frais d'établissement, à ceux qui sont faits une fois pour toutes, mais bien à ceux d'entretien, aux frais annuels qu'il faut porter cette dépense. Et ce qui le prouve, c'est que la submersion, autrement efficace cependant que les procédés à insecticides, doit être et est renouvelée tous les ans par M. Faucon et par ceux à qui il est donné de pouvoir être ses heureux imitateurs.

Pour éviter aux vignerons des dépenses inutiles et des déceptions décourageantes, je veux citer un fait de ma pratique personnelle qui prouve combien est de courte durée l'effet des insecticides, même les plus énergiques.

Au commencement de juillet 1874, je constatai une première tache phylloxerique dans une de mes vignes de la contenance de trois hectares. Elle était minime et à son début, car au delà d'un rayon de trois à quatre mètres, il me fut impossible de trouver des pucerons, ni même une radicelle portant trace de leurs atteintes. Néanmoins, je traçai autour de la tache un carré de quinze mètres de côté environ, et je traitai la surface entière par le sulfure de carbone. Je fais observer que le sol de cette vigne est très-léger et d'une perméabilité parfaite. Rien ne fut négligé. Je poussai même toutes choses à l'excès, rapprochant les trous, augmentant leur profondeur, doublant et triplant la dose du poison.

Je tenais à savoir, par cet essai, s'il était possible d'empêcher l'invasion phylloxerique en l'attaquant vigoureusement à son principe, car, cela étant, la dépense, quelque forte qu'elle fût sur une petite surface, devenait comme nulle en profitant au vignoble entier.

Huit jours après on aurait dit que le feu avait passé là; les sarments noirs, sans feuilles, ne portaient plus que des raisins flétris ou desséchés. Mais ce mauvais côté du procédé m'importait peu. L'essentiel pour moi était la destruction du phylloxera, et je crus mon but atteint, après qu'un examen minutieux d'un grand nombre de racines ne m'en eut fait découvrir aucun.

Je ne m'en tins cependant pas à cette première opération.

M. Gaston Bazille m'ayant écrit qu'il conservait en bon état ses vignes phylloxerées, au moyen du fumier de ses vacheries employé alternativement avec des sulfures, j'ai fait, en février dernier, enterrer sur une surface de quatre à cinq ares, dont le carré précédemment traité formait le centre, une très-riche fumure d'engrais de litière mélangé avec cent kilogrammes de sulfure de calcium.

Comme on le voit, rien n'a été ménagé de ce qui devait assurer le succès de l'opération. J'avais comme cumulé les moyens de destruction du phylloxera, et en même temps placé les souches atteintes dans les meilleures conditions de végétation. Eh! bien, le résultat est aujourd'hui complétement négatif. Le phylloxera pullule et la tache s'agrandit, attestant ainsi l'inefficacité d'un traitement qui, en sulfure de carbone et de calcium, en engrais et en main d'œuvre, m'a coûté plus de deux fois la valeur du terrain sur lequel j'ai agi.

Aussi est-il résulté pour moi de cet échec la conviction que tous les procédés à insecticides, dans leurs conditions actuelles d'application, sont impuissants à ralentir d'une manière sensible le développement des taches phylloxeriques.

Je suis même porté à croire que, si on ne trouve pas l'insecte quelques jours après l'opération, c'est qu'on ne le cherche pas partout où il peut se trouver.

Que fait-on en effet? On arrache quelques racines et parfois, tant bien que mal, quelques souches, et lorsque la loupe promenée partout n'a pu y faire découvrir aucun phylloxera, on affirme sa destruction complète.

Mais il n'est pas douteux que si le phylloxera se tient habituellement sur les racines de la vigne, il voyage aussi dans le sol, qu'il y pond et qu'on l'y trouve à tous les états.

Il est aussi très-probable que doué, comme tous les êtres, de l'instinct de conservation, il doit, lorsqu'on opère pendant la belle saison, fuir les émanations des insecticides, aussitôt que ses sens lui en révèlent l'approche, en s'enfonçant dans les profondeurs du sol.

Avant donc de proclamer la destruction du phylloxera, à la suite de l'emploi d'un procédé quelconque, il serait de toute nécessité de s'assurer qu'il n'en existe plus à aucun état, dans un volume de terre dont le système radiculaire de la souche tout entier ne forme certainement pas la millième partie.

Conclusion.

Que conclure ?

Il ne faut pas se faire illusion.

Le phylloxera qui n'occupait, il y a douze à quinze

ans, que quelques points imperceptibles des vignes du Midi, s'est étendu au loin dans tous les sens, suivant surtout les vallées des fleuves et des rivières, parce que probablement des courants d'air plus constants les parcourent et qu'elles offrent une voie plus facile et moins accidentée à ses migrations ailées.

Dès aujourd'hui on peut dire que le phylloxera fait brêche au vignoble.

Que sera-ce dans dix, dans vingt ans, maintenant que des départements entiers constituent autant de vastes foyers d'infection, et que l'extension du mal se manifeste tous les jours par l'apparition de nouvelles taches?

On a pu espérer, non sans raison, vu le climat sous lequel il s'est d'abord montré, que le phylloxera ne franchirait pas une certaine ligne climatérique.

C'est une erreur.

Ici, à vingt-cinq kilomètres sud de Vienne (Isère), sur des plateaux élevés où les cépages les plus hâtifs de la Bourgogne et du Beaujolais ont de la peine à mûrir leurs raisins, le phylloxera sévit avec la même intensité que dans les vignes chaudes des côtes du Rhône. Et puis, il y a ce fait autrement significatif, c'est que ce puceron vit à merveille sur les vignes du Haut-Canada, en dépit des hivers sibériens de cette contrée.

Ce qui donne lieu à ce mirage d'une ligne climatérique, ou au moins d'une rémittence du fléau à mesure qu'il s'éloigne des premiers centres d'invasion, c'est la lenteur presque rassurante avec laquelle se développent les premières taches phylloxeriques qui se montrent dans un vignoble, les grands foyers d'infection étant encore à vingt-cinq ou trente kilomètres en arrière. C'est à peine si le mal gagne quelques souches d'une année à l'autre. Je connais dans mon voisinage une vigne de trois ares, phylloxerée depuis cinq ou six ans et qui a encore à un de ses angles quelques souches en bon état.

Je suis tout porté à croire que la petite dimension de ces premières taches et la lenteur qu'elles mettent à s'étendre, tiennent à cette circonstance que les colonies qui les ont fournies, venant de loin, ont été décimées et peut-être réduites à quelques individus par les accidents de route.

Car la scène change aussitôt que les foyers se rapprochent.

Les essaims n'ayant plus que de faibles distances à franchir, s'abattent dans les vignes sans être pour ainsi dire entamés, et alors on voit se produire, sans autre raison probable que l'importance relative de ces essaims envahisseurs, et aussi la nature du sol, l'âge et la variété des cépages, dans quelques vignes des taches qui s'écartent encore avec une certaine lenteur, et dans d'autres vignes des taches qui se développent avec une rapidité foudroyante.

Mais si le climat ne peut être pour nos vignes d'Europe ni un préservatif, ni même un atténuant contre les ravages du phylloxera, peut-on espérer, comme on l'a dit, comme on l'écrit encore tous les jours, que cet insecte, fléau passager, disparaîtra de lui-même?

Je comprends cette illusion chez le simple vigneron.

Pour lui, le mal est venu, il s'en ira; il a eu un commencement, il aura une fin.

Mais je ne la comprends pas du tout chez ceux que leur intelligence et leurs lumières mettent à même d'étudier et d'apprécier les faits qui les entourent et qui éclatent aux yeux avec leurs conséquences nécessaires, inévitables.

Or, ce qui ressort de ces faits, le voici :

Le phylloxera, par une fatalité déplorable, rendue presque inévitable par l'ignorance où l'on était de son existence et la fréquence des relations des deux pays, a été importé d'Amérique en Europe.

Il y est et il y restera.

Il y restera, parce qu'il se trouve chez nous dans des conditions d'existence et de propagation meilleures que dans son pays originaire, et ce qui le prouve, c'est qu'on le trouve plus nombreux sur nos vignes que sur les vignes d'Amérique.

Il y restera encore, parce que son habitat, son exiguité, sa multiplication inimaginable, et surtout sa propagation aérienne à grande distance, le mettent à l'abri de toute destruction du fait de l'homme, et que, du fait de la température, aucun désordre, si grave, si général qu'on le suppose, ne peut lui porter la plus légère atteinte.

Pour l'observateur attentif, sérieux, pour celui qui se sert de ses yeux, de son bon sens, de sa raison, il n'y a qu'une fin possible au phylloxera, la fin de la vigne.

Par conséquent, à part les vignes qui peuvent être submergées, à part encore celles qu'il conviendra à leurs possesseurs de maintenir à coups de capitaux par un de ces procédés à insecticides qui ne sont pas à trouver, mais seulement à perfectionner, toutes les autres sont fatalement vouées à la destruction.

C'est là, certainement, un résultat douloureux, terrible, et qui, cependant, s'impose comme un fait nécessaire dans la direction donnée jusqu'aujourd'hui à la lutte engagée contre le phylloxera.

C'est pourquoi on s'est demandé si on ne pourrait pas éviter cet immense désastre en abandonnant à lui-même cet insecte qu'on ne peut ni détruire ni combattre, et en cherchant le salut de la vigne dans un autre ordre d'idées.

Théoriquement, que faudrait-il à nos vignes pour échapper au sort qui les attend ?

Une chose bien simple : changer leurs racines.

A leur système radiculaire qui se désorganise sous l'action du phylloxera et qui ne peut plus transmettre aucune nourriture à la partie végétative et fructifère, substituer de nouveaux organes nourriciers insensibles aux piqûres du phylloxera.

Et pour cela, il suffit :

Qu'il existe des vignes résistantes,

Et que sur ces vignes on puisse greffer les nôtres.

DEUXIÈME PARTIE

DES VIGNES AMÉRICAINES

Y a-t-il des vignes résistantes?

Cela est certain, et ce qui ne peut laisser aucun doute à ce sujet, c'est la co-existence aux États-Unis de la vigne et du phylloxera, co-existence amenant si peu de désordres dans la végétation de la plupart des cépages de ce pays, qu'il a fallu que le puceron se révélât chez nous par la destruction de nos vignes indigènes, pour qu'on songeât à le chercher dans les vignes américaines.

Mais aussitôt qu'on l'a eu cherché, on l'a trouvé partout, dans tous les sols et sous tous les climats, sur les vignes sauvages et sur les vignes cultivées.

Et cette découverte a été une vraie révélation.

Elle a expliqué notamment le dépérissement fatal de toutes les vignes européennes qu'on a essayé, depuis plus de deux siècles, de transplanter en Amérique, et desquelles on se bornait à dire qu'elles étaient réfractaires à toute acclimatation, donnant ainsi le résultat et des causes probables, mais vagues, à la place de la vraie cause, alors inconnue, le phylloxera.

Il semble que ce fait constant, universel aux États-Unis, du phylloxera vivant sur certains cépages sans leur causer aucun préjudice, devrait constituer à lui seul la preuve la plus évidente de la résistance de ces cépages.

On avait cependant à se demander si cette résistance se maintiendrait en Europe, ou si au contraire elle ne serait pas affaiblie, détruite peut-être, par une foule de circonstances qui peuvent modifier la constitution d'un arbuste transplanté d'un continent dans un autre.

Eh! bien, sur ce point, les faits, et toujours les faits, se sont chargés de donner la réponse la plus satisfaisante, et cela qu'on s'adresse aux rares plantations ayant quinze à vingt ans d'existence ou à celles plus nombreuses datant de quelques années seulement.

Les seules vignes américaines déjà anciennes qu'on cite comme englobées dans les pays phylloxerés, et comme phylloxerées elles-mêmes, sont celle de M. Borty à Roquemaure, et celle de M. Laliman, à la Tourate, près Bordeaux.

De la vigne de M. Borty, je ne peux que répéter ce qu'en ont dit MM. Planchon et Gaston Bazille, qui ont constaté eux-mêmes que cette vigne vit depuis douze ans dans un vignoble contaminé et y conserve sa vigueur et sa fertilité.

Mais je peux et je dois même entrer dans plus de détails sur celle de M. Laliman, parce que c'est dans cette vigne, et sous les observations de ce zélé viticulteur, qu'est née pour ainsi dire la question de la résistance de certains cépages exotiques au phylloxera, et que le pays ne doit pas oublier que si la vigne française est sauvée par la vigne américaine, c'est à M. Laliman qu'il sera redevable de cet immense bienfait, tout comme il l'est, à M. Faucon, de celui de la submersion.

Voici, en effet, ce que dit M. Planchon (*Les vignes américaines*) :

« La première mention de la résistance que certains cépages américains apportent au phylloxera, est due à M. Laliman, de Bordeaux. Frappé de voir quelques pieds de ces cépages demeurer luxuriants et pleins de vigueur, au milieu de ses autres vignes mortes ou mourantes, ce viticulteur communiqua en novembre 1869, au Congrès des agriculteurs de France réuni à Beaune, ce fait remarquable d'immunité relative. Il en saisit les conséquences pratiques en montrant dans ces variétés exotiques, alors ignorées ou dédaignées du public, les remplaçants possibles de nos variétés indigènes. Accueillie par l'indifférence des uns, par l'incrédulité des autres, cette lueur d'espoir fut saisie pourtant par les quelques hommes qui savent voir les choses d'avance et de loin. Bientôt des observations faites par M. Riley, de l'autre côté de l'Atlantique, confirmèrent dans son ensemble la donnée générale de M. Laliman. »

Ce juste hommage rendu à M. Laliman, je reviens à ses vignes dont la résistance, déjà constatée en 1869, ce qui prouve qu'elles étaient atteintes depuis plusieurs années, se perpétue sans donner aucun signe d'affaiblissement.

Le 3 septembre 1874, M. Gaston Bazille m'écrivait :

« Les cépages américains de M. Laliman sont très-satisfaisants, vigoureux, chargés de fruits. »

Et dans une lettre du 5 de ce mois d'août 1875, M. Laliman m'écrit lui-même :

« Tout ce que j'ai annoncé depuis 1869, comme résistant, continue encore à résister admirablement. »

Et, circonstance rassurante en ce sens qu'elle atteste qu'introduits en Europe, le phylloxera n'a rien pris en malignité et la vigne américaine rien perdu de sa vitalité constitutionnelle, c'est qu'en général les diverses variétés de cette vigne, lorsqu'elles ont été envahies par le puceron, se sont comportées absolument comme en Amérique : les unes succombant, d'autres se montrant plus ou moins sensibles, d'autres enfin résistant sans faiblir. Je ne parle pas ici d'un dissentiment qui s'est élevé entre M. Laliman et M. Planchon, au sujet du Concord ; j'y reviendrai lorsqu'il sera question de cette variété.

A ces preuves de la résistance au phylloxera des vignes américaines cultivées en France, je pourrais en ajouter une foule d'autres tirées de plantations plus récentes et même d'essais faits en terrains phylloxerés.

Parmi ces derniers, je me borne à citer celui que j'ai tenté moi-même, afin que les vignerons voisins puissent, s'ils le désirent, venir s'en rendre témoignage.

J'ai planté, en avril dernier, au milieu d'un groupe de souches phylloxerées : deux Solonis, un Taylor, un Yorck-Madeira et trois Clintons, tous enracinés d'un an, avec cette différence que, si les Clintons étaient pourvus d'une vraie toison de racines, les autres en avaient si peu que je n'étais pas sans appréhension sur leur sort.

Comme témoins des Clintons (je n'en avais pas pour les autres variétés), j'en plantai cent cinquante du même âge dans une terre d'excellente qualité et jusqu'alors vierge de toute culture de vigne.

Aujourd'hui, 16 août, les sept pieds en terre phylloxérée, sont admirables ; tous présentent, avec ce feuillage vert foncé qui est l'indice de la plénitude de la santé, des faisceaux de sarments dont quelques-uns ont près de deux mètres de long.

Les trois Clintons ne le cèdent en rien à ceux que je m'attendais à voir témoigner contr'eux.

La résistance de ces quelqués souches, parfaite, s'il faut en juger par leur belle venue, date de trop peu pour avoir une valeur probante bien grande. Mais si on rapproche cette résistance, d'abord de celle également démontrée d'essais analogues faits depuis trois ou quatre ans par plusieurs propriétaires de l'Hérault, puis de celle plus ancienne des collections de MM. Borty et Laliman, et enfin de celle universelle et immémoriale des vignes des États-Unis, comment dénier à cette résistance le haut degré de certitude qu'elle tient de l'ensemble de ces faits?

Pour compléter la démonstration du problème que nos vignes indigènes peuvent être conservées, envers et malgré le phylloxera, il reste à prouver qu'on peut, par la greffe, leur donner des cépages résistants comme nouveaux organes nourriciers. Mais, pour ne pas scinder ce que j'ai à dire du greffage, je renvoie l'examen de cette dernière question à la partie de cet opuscule consacrée à la culture des vignes américaines.

⌘

Quelles sont les vignes américaines résistantes ? Quelle est la valeur de ces vignes au point de vue de leur produit direct ?

On compte quatre espèces principales de cépages américains cultivés :

Les Rotundifolia ;

Les Labrusca ;

Les Œstivalis ;

Les Cordifolia ou Riparia.

DES ROTUNDIFOLIA.

Je ne parlerai pas des vignes de ce groupe dont le bois dur, à écorce adhérente, et le raisin à grains se détachant un à un de la grappe, font un arbuste tout à fait distinct de celui que nous connaissons sous le nom de vigne.

Sa principale variété, le *Scuppernong*, ne peut être cultivée en France, ni pour son fruit qui n'y arriverait pas à maturité, ni comme porte-greffe, tous les essais faits par M. Pulliat pour l'utiliser à ce titre ayant complétement échoué.

DES LABRUSCA.

Caractères généraux : feuilles grandes, épaisses, cotonneuses en dessous ; grains gros, pulpe tenace, goût de cassis dit goût foxé.

Parmi les variétés très-nombreuses de ce groupe, les seules données comme résistantes par M. Planchon sont le Concord et l'Yves Seedling.

M. Laliman leur conteste ce privilége à toutes deux.

Je suis très porté à me ranger à l'avis de M. Planchon, surtout en ce qui concerne le Concord dont la culture est beaucoup plus ancienne que celle de l'Yves, et cela, parce que, suivant MM. Bush, on plante plus de Concord aux États-Unis que de toutes les autres variétés ensemble; parce que sa vigueur est reconnue dans tous les traités de viticulture de ce pays, et que M. Planchon lui-même « confirmant sur ce point les témoignages de Riley et de Bush, l'a vu partout luxuriant, alors même que l'examen des racines y démontrait la présence de nombreuses nodosités phylloxeriques. »

La seule raison que j'aurais de douter de la résistance du Concord, c'est qu'il appartient à la famille des Labrusca, dont plusieurs variétés sont, de l'avis de tous, plus ou moins sensibles aux atteintes du phylloxera.

C'est pourquoi, jusqu'à ce que la lumière soit faite, le vigneron soigneux de ses intérêts fera sagement de ne planter le Concord qu'à titre d'essai.

Voici, au reste, ce que M. Planchon dit de ce cépage :

« Le Concord est remarquable par la vigueur de sa végétation et par sa fertilité. Ses grandes feuilles, revêtues en dessous d'un duvet lanugineux, serré, de couleur nankin plus ou moins pâle (passant au blanchâtre dans les feuilles plus âgées, sont en dessous d'un vert intense. Ses grappes, de grosseur moyenne, sont à gros grains parfaitement sphériques, d'un noir bleuâtre, cette nuance provenant d'une fleur très-fine qui les recouvre. Peau assez fine (relativement à d'autres Labrusca), mais résistante, enduite à l'intérieur de matière colorante et laissant à l'arrière-goût une certaine impression d'âcreté. Pulpe assez tenace, devenant plus fondante par une maturité avancée, à goût assez foxé. En somme, raisin peu agréable à nos palais européens, bien que généralement apprécié en Amérique. »

Je donne maintenant, comme je le ferai pour les autres groupes, la simple nomenclature des vignes Labrusca dont la résistance n'est pas établie, et de celles dont la sensibilité est constatée, suivant ici pied à pied les classifications données par M. Planchon dans son livre : *Les vignes américaines*. Montpellier, Coulet, libraire, 1857.

Vignes dites résistantes, sans que leur résistance soit bien certaine.

Israella.
Martha (raisin blanc). Riley le dit résistant.
Rentz.
North Carolina.
Dracut Ambert.

-

Vignes Labrusca sensibles au phylloxera.

Isabelle.
Catawba.
Jona.
Diana.

Vignes Labrusca à résistance inconnue

Adirondac.
Anna.
Amanda.
Alexander.
Albino.
August Pioneer.
Barnes.
Black Hawk (énorme fruit noir).
Bland.
Blood's Black.
Blood's White.
Blue imperial.
Brown.
Cassady.
Christine, de Fuller.
Cottage.
Creveling.
Cuyahoga.

Eumeulan « grappes volumineuses, de forme élégante et serrées au degré voulu. Grains gros, noirs, avec une belle fleur, longtemps adhérents à la rafle; chair tendre fendant en eau vineuse sous la moindre pression. Maturité précoce. Saveur pure et délicate, sucrée, riche, et vineuse, avec une nuance de cette fraîcheur qui recommande les meilleurs raisins d'Europe. » Bush.

Hartfort prolific.
Hine.
Logan.

Lydia.
Maxatawney.
Miles.
North America.
Perkins.
Rebecca.
Tokalon.
Underhill's Seedling.
Una.
Union Village.
Venango.
Wilmington.
York Madeira.

Il est bien probable que ces variétés sont, pour la plupart, résistantes, et si l'expérience n'a pas encore prononcé à cet égard, cela tient à ce que beaucoup d'entr'elles ont été gagnées récemment, que presque aucune n'est entrée dans la grande culture, et enfin à cette circonstance que c'est seulement depuis la découverte du phylloxera que les viticulteurs américains peuvent étudier leurs cépages au point de vue de leur résistance à cet insecte, et mettre au compte de cette cause, maintenant connue, l'affaiblissement ou la ruine de certains d'entr'eux.

Déjà des observations faites en France permettent de placer une de ces vignes, le York Madeira, au nombre des cépages les plus résistants.

M. Laliman le possède dans son clos où il se comporte très-bien ; et dans les essais faits par M. Aguillon, en 1872, à Chibron (Var), dans un terrain phylloxeré et détestable sous tous les autres rapports, ce même cépage, venu de M. Pulliat sous le nom de Worlington, est un des rares survivants se maintenant en bon état de végétation.

Le York Madeira aurait, en outre, d'après M. Laliman, l'avantage de donner un produit très-convenable et du vin d'excellente qualité.

En 1874, sur des pieds de trois ans, ce viticulteur a récolté en moyenne quarante-neuf raisins du poids moyen de soixante-douze grammes. Ce vin a pesé 10 5/10.

Voici les traits principaux de la description du Yorck Madeira, par M. Pulliat : « Feuille moyenne, un peu tourmentée, presque circulaire. Grappe petite, un peu lâche, cylindrique ; grains moyens, chair pulpeuse, assez sucrée, renardée ; peau épaisse, d'un noir foncé, pruiné à la maturité, qui est de deuxième époque. »

Pour la fixation du terme de maturité, j'adopte la méthode aussi commode que judicieuse de M. Pulliat, qui détermine la maturité de chaque variété d'après celle universellement connue du Chasselas, disant qu'elle est de première, deuxième, troisième ou quatrième époque, suivant qu'elle est concomittante à celle du Chasselas ou qu'elle lui est postérieure de dix, vingt, trente ou quarante jours ou à peu près.

Je place encore ici la liste des hybrides de Labrusca, c'est-à-dire des vignes qui sont le produit du croisement de variétés de ce groupe, soit avec d'autres cépages d'Amérique, soit avec nos vignes d'Europe.

Et si je le fais, c'est uniquement pour que le vigneron puisse savoir à quelle catégorie il devra rattacher telle ou telle vigne américaine qui lui serait présentée, car de tous ces hydrides, un seul, le Wilder (de parents non désignés et probablement américains), est donné comme résistant par MM. Riley et Bush, tous ceux comptant parmi leurs auteurs un cépage européen, opposant peu de résistance au phylloxera.

Hybride résistant.

Wilder.

Hybrides non résistants ou douteux.

Allen's Hybrid.
Agawam.
Barry.
Challenge.
Ellen.
Goethe.
Herbert.
Lindley.
Massassit.
Merrimack.
Salem.
Walter.

DES ŒSTIVALIS.

Caractères généraux : feuilles grandes, moins étoffées que celles des Labrusca ; nervures duveteuses ; grains petits; chair fondante; saveur franche, c'est-à-dire non foxée.

Voici comment s'exprime M. Planchon sur l'ensemble des variétés de ce type :

« Je partage l'opinion de M. Laliman, de MM. Riley et Bush, de M. Pulliat, sur la vigueur de végétation que conservent les cépages de ce groupe alors même qu'ils portent des phylloxeras sur leurs racines. L'expérience à cet égard est faite pour le plus grand nombre; elle devra se faire pour les autres. C'est aussi dans ce groupe que se trouvent les raisins dont le goût se rapproche le plus des nôtres, et qui donnent des vins colorés, corsés, à bouquet souvent délicat, et en tout cas non foxé. »

Les variétés des Œstivalis ne sont pas très-nombreuses. Je les donne par ordre alphabétique, n'entrant dans quelques détails que sur celles dont la résistance est un fait acquis.

Alvey.

Baldwin le noir.

Baxter.

Black July ou Devereux.

Cunningham ou Long.

« Le Cunningham est précieux pour les pentes exposées au midi, à sol pauvre, maigre et calcaire ; de croissance vigoureuse, sain et productif; mais pour fructifier abondamment, il demande à être taillé en coursons sur bois latéraux. Mûrit tardivement et donne un vin délicieux et des plus parfumés, d'un jaune foncé. » (Ind. Bush).

« Bourgeonnement roux, très-duveteux... feuilles surmoyennes, glabres supérieurement, garnies inférieurement d'un duvet aranéeux blanchâtre.... à peu près aussi longues que larges. Grappe à peine moyenne, cylindrico-conique; grains petits, sphériques, assez serrés; peau un peu mince et cependant assez résistante; chair juteuse, à saveur simple. Maturité de troisième époque. » (Pulliat).

Sur un pied de sept ans, M. Laliman a récolté, en 1874, cent cinquante raisins pesant en moyenne cent cinquante grammes. Le vin a titré 10 7/10.

Cynthiana ou Red River. « Grappe de grosseur moyenne, pas trop serrée, ailée; grains sous-moyens arrondis, noirs avec une pruine bleue, doux, parfumés, modérément juteux. Jus d'un rouge noir très-intense, très-lourd au pèse-moût, plus encore que celui du Norton, et donnant notre meilleur vin rouge. Mûrit avant le Norton et le Catawba. » (Bush).

« D'après M. Husmann, excellent juge en ces matières, le vin de Cynthiana fut primé contre huit échantillons de Norton, comme le meilleur vin de l'exposition de 1865, dans l'état de Missouri. » (Planchon).

Elsimboro. « Très-joli petit raisin de dessert, parfaitement doux et fondant, sans pulpe. » (Downing).

Herbemont ou Warren. Propagé dès 1798. « Plante de vigoureuse croissance : dans un sol riche elle est un peu délicate, fait trop de bois et semble être un peu moins productive, tandis que dans un sol calcaire, un peu maigre et chaud, elle se porte parfaitement et donne d'énormes produits. » (Berckmans).

« Donne un vin blanc d'un goût exquis, si l'on sépare immédiatement le jus du marc, et un vin rouge de qualité supérieure en le laissant cuver à la manière ordinaire. » (Hussmann).

« Bourgeonnement roussâtre; passant au blanc, duveteux, teinté de rose violacé, puis au vert jaunâtre. Feuilles grandes, glabres supérieurement, garnies inférieurement d'un duvet pileux court. Grappe moyenne ou surmoyenne, allongée, ailée ; pédoncule très-long ; grains petits, globuleux, un peu serrés, d'un noir bleuâtre à la maturité, qui est de troisième époque un peu tardive ; saveur simple. » (Pulliat).

M. Laliman a récolté, en 1874, sur un pied de sept ans, cent quarante raisins pesant en moyenne cent soixante-quinze grammes. Le vin a titré 10 7/10.

Hermann. « Nouvelle vigne ayant donné son premier vin en 1863 ; de forte végétation et très-productive. M. Husmann recommande hautement ce cépage comme vigne à vin : ce sera, pense-t-il, le Madère américain. Dans un concours de vins ouvert à Hermann (Missouri), le 17 mai 1869, ce vin attira l'attention générale et obtint un prix extra. » (Planchon).

Jacquez. « Bourgeonnement duveteux, fortement teinté de rouge violacé. Feuilles très-grandes, presque lisses supérieurement, garnies en dessous d'un léger duvet lanugineux. Pétiole très-long, fort. Grappe grande, ailée, peu serrée ; grains petits, globuleux. Chair un peu pulpeuse. Saveur simple. Peau mince, résistante, d'un beau noir pruiné. Maturité de troisième époque. » (Pulliat).

Voici ce que dit M. Planchon au sujet du Jacquez :

« M. Laliman a distribué sous ce nom, en le désignant parfois vaguement par les mots de Jacquez ou Lenoir, un cépage remarquable pour sa vigueur, pour sa résistance au phylloxera et même pour sa fertilité. Ces qualités déjà constatées chez M. Laliman lui-même, je les ai retrouvées à un haut degré chez quelques pieds d'une vigne américaine vivant depuis douze ans environ dans le vignoble phylloxeré de M. Berty, à Roquemaure (Gard), vigne que j'ai pu rapporter avec certitude au Jacquez de M. Laliman... Le Jacquez de M. Laliman (reconnu pour Jacquez par M. Berckmans) mérite d'être propagé parmi nous soit comme porte-greffe résistant, soit même comme producteur direct de raisins à vin. »

D'après M. Planchon, les pieds de M. Borty ont donné jusqu'à dix kilogrammes de raisins par cep en 1874. Cette même année, M. Laliman a récolté, sur des Jacquez de sept ans, cent soixante-deux raisins du poids moyen de cent soixante-quinze grammes, et sur un provin d'un an, quatre-vingts raisins du poids moyen de cent quatre-vingts grammes. Le vin très-coloré, très-corsé, a titré 10 5/10.

Lenoir. « Bourgeonnement roussâtre, duveteux, passant au rose violacé foncé, puis au vert. Feuille surmoyenne ou grande, glabre supérieurement, un peu glaucescente inférieurement. Pétiole long ou très-long. Grappe moyenne, compacte; grains petits, sphériques; chair un peu pulpeuse, un peu sucrée, assez relevée; peau un peu mince, résistante, d'un noir pruiné à la maturité, qui est de troisième époque. » (Pulliat).

Louisiana.

Norton. « Plante vigoureuse, saine, productive une fois qu'elle est bien établie... Dans les fonds riches, le Norton se met promptement à fruit et donne d'énormes récoltes; sur les collines élevées à sol maigre et au sud, il tarde à fructifier, mais produit un vin des plus riches, très-corsé. » (Bush).

« Bourgeonnement duveteux, d'un roux foncé, légèrement teinté de rose sur le bord des jeunes feuilles. Feuilles d'un vert clair, plus longues que larges, glabres supérieurement, très-légèrement garnies inférieurement d'un duvet roussâtre sur les nervures et les sous-nervures. Grappe moyenne ou surmoyenne, un peu longue, assez serrée, cylindrico-conique; grains à peu près sphériques, petits; peau épaisse, résistante, d'un beau noir; chair un peu pulpeuse, assez sucrée, relevée d'une saveur spéciale. Maturité de troisième ou quatrième époque. » (Pulliat).

Pauline.

Rulander.

Telegraph de Bush ou Christine de Laliman. « C'est un des raisins précoces qui ont le plus d'avenir... Récolte constante et sur laquelle on peut compter. Plante saine, poussant vigoureusement dans un sol riche. » (Bush).

DES CORDIFOLIA OU RIPARIA.

Caractères généraux : feuilles moyennes, membraneuses, entières, glabres ou à pubescence en dessous formée surtout de poils simples. Grains petits. Saveur généralement franche.

Clinton. « Bourgeonnement roux-grisâtre, légèrement duveteux, passant un peu au rose, puis au vert. Feuille complète, sous-moyenne ou petite, lisse supérieurement, garnie inférieurement sur les nervures de poils courts, peu apparents, mais assez sensibles au toucher. L'ensemble de la feuille est en forme de cœur, d'où le nom de Cordifolia, donné au groupe. Grappe petite, peu serrée, cylindrique .. Grain petit, globuleux, fortement attaché ; chair ferme, pulpeuse ; saveur presque simple ; peau assez épaisse, résistante, d'un noir foncé, pruiné à la complète maturité qui est de troisième époque. » (Pulliat).

« Le Clinton, dit M. Planchon, est un cépage d'une vigueur, d'une rusticité proverbiales aux Etats-Unis. A première vue, ses sarments très-grêles surprennent nos vignerons d'Europe et leur donnent mauvaise opinion de la plante ; mais ces sarments sont si nombreux, qu'ils forment sur la charpente des ceps des touffes serrées et souvent entassées de pampres. — L'abondance des raisins, d'autre part, compense ce qui leur manque du côté de la dimension des grappes. »

M. Laliman, en 1874, a récolté, sur un Clinton de six ans, deux cent soixante-dix-huit raisins pesant en moyenne soixante-quinze grammes, et sur un Clinton de huit ans, deux cent cinquante-sept raisins pesant en moyenne soixante-cinq grammes. Titre alcoolique du vin : 9 9/10.

Golden Clinton.

Marion.

Oporto.

Taylor. « On lui reproche de ne pas être fertile. M. Bush pense que les ceps ont besoin de vieillir et d'être taillés sur vieux bois pour se mettre bien à fruit... Le vin de Taylor est blanc, très-corsé, d'un bouquet délicat et rappelle, peut-être plus qu'aucun autre, le célèbre Riessling du Rhin. » (Planchon).

« Bourgeonnement roussâtre, très-légèrement teinté

de rose, passant au vert clair, peu duveteux. Feuilles complètes, surmoyennes ou grandes, glabres sur les deux faces... Grappe petite, légèrement conique ou cylindrico-conique. Grains très-petits, passant du vert au blanc jaunâtre rosé, quelques grappes complétement roses; chair un peu pulpeuse, peu juteuse, sucrée, agréable. » (Pulliat).

Solonis. Vigne singulière, reconnaissable entre toutes à première vue par ses feuilles d'un vert grisâtre, presque rondes, armées de dents aiguës, ce qui lui donne l'aspect d'une scie circulaire. M. Laliman la place au premier rang comme vigne résistante et m'a souvent recommandé de la propager, non pour son produit qui est sans valeur, mais comme un porte-greffe précieux.

Hybrides entre Cordifolia et vignes françaises, plus ou moins sensibles au phylloxera :

Autuchon.

Brant.

Canada.

Cornucopia.

Othello.

Il convient peut-être d'ajouter à tous ces cépages, deux vignes encore sauvages du Texas, que leur vigueur extraordinaire, même parmi les vignes américaines, et probablement leur résistance au phylloxera, permettront d'utiliser au même titre que le Solonis , c'est-à-dire comme porte-greffe. Ce sont le Post-Oak et le Mustang.

Voici la description de la vigne que j'ai reçue de M. Laliman, sous le nom de Mustang, et qui, d'après M. Planchon, pourrait bien n'être qu'une forme d'Œstivalis et peut-être le Post-Oak.

Bourgeonnement duveteux, couleur feuille morte,

passant au rose puis au vert, le rose se montrant toute l'année sur le bord des jeunes feuilles, à l'extrémité de toutes les pousses comme sur le Jacquez. Feuilles moyennes, profondément lobées, glabres à la face supérieure, la face inférieure et le pétiole couverts d'un tomentum blanchâtre. Je ne peux rien dire du fruit, ni n'en pourrai jamais rien dire, M. Laliman m'ayant écrit que ce Mustang est mâle et par conséquent infertile.

Je n'ai rien dit du Delaware, qu'on ne sait à quel groupe rattacher.

Suivant M. Planchon, le Delaware donne le meilleur raisin de bouche d'Amérique, et avec cela un vin corsé et délicat, d'un parfum léger tout spécial. Mais son extrême sensibilité au phylloxera ôte pour nous toute valeur à ces qualités.

—

Plantation des vignes américaines.

Sur ce sujet, cependant bien important, je n'aurais rien à apprendre au vigneron qui pratique, si les cépages américains n'avaient pas quelques exigences particulières à raison de leur développement extraordinaire, et si leur plantation, surtout en pays phylloxeré, ne commandait pas tous les soins qui peuvent contribuer à leur donner une prompte et solide constitution.

Je suis bien convaincu, pour ma part, que c'est pour avoir, dans beaucoup de cas, négligé les précautions même les plus élémentaires, que les essais de vignes américaines faits depuis trois ou quatre ans, ont eu des fortunes si diverses.

Les plants les plus défectueux ont été employés, souvent dans des terrains contre-indiqués, et à la place même de souches détruites par le phylloxera. En un mot, on a agi comme si on avait voulu rendre à peu près impossible la reprise et la bonne venue des sujets.

Aussi les échecs signalés à côté de succès constatés, n'ont rien qui soit de nature à décourager le viticulteur ; les uns ne neutralisent pas les autres, tant s'en faut ; car si les échecs peuvent s'expliquer par des causes diverses, au nombre desquelles je suis tout disposé à admettre le phylloxera, les succès, eux, ne peuvent être attribués qu'à une cause unique : la résistance du cépage au puceron.

Le sol destiné à recevoir la vigne américaine devra être léger, perméable, profond et frais ; car c'est dans les sols de cette nature que nos vignes indigènes elles-mêmes trouvent les meilleures conditions de résistance au phylloxera. Autant que possible, les autres terrains devront être ramenés à ce type par un défoncement plus profond, et l'apport des amendements indiqués.

Les vignes américaines étant de très-grande croissance, aussi bien sur terre que dans terre, il importe de leur donner une surface en rapport avec leur puissance d'expansion. Trois mètres en tous sens me paraissent une distance convenable dans les terres substantielles, ce qui ferait environ onze cents ceps à l'hectare, nombre qui pourrait être plus que doublé dans les terrains médiocres ou mauvais, soit en serrant les lignes, soit, ce qui serait plus économique sous le rapport de l'armature et des façons, en rapprochant seulement les ceps sur la ligne.

Le terrain étant défoncé sur toute la surface à la profondeur de quarante à cinquante centimètres, il est inutile, surtout si les ceps doivent être distants de trois mètres, de creuser des fossés continus pour les recevoir. Il suffit, à l'endroit marqué d'avance pour chaque cep, de faire un trou, et d'y placer le sujet, en prenant tous les soins qui peuvent favoriser le développement de ses racines ; car il ne faut jamais oublier, surtout lorsqu'on agit en pays phylloxeré, que le but à atteindre dans le plus bref délai possible, c'est un système radiculaire capable de braver les piqûres du phylloxera.

Voici comment je procède : dans la fosse creusée à cinquante centimètres de profondeur, je fais jeter une mise de dix à quinze centimètres de fumier mélangé avec la meilleure terre à portée de l'ouvrier, et c'est sur ce lit et non pas sur le fond dur de la fosse que j'étends avec soin les racines du sujet, et sur ces racines je fais mettre une nouvelle couche du même compost ; puis, après avoir plombé le tout avec le pied, je termine l'opération soit de suite, soit quelques semaines ou même quelques mois après, en remplissant le trou avec de la terre que je me garde bien de tasser.

Je pousse même les précautions jusqu'à mêler au compost une poignée d'insecticide, suie, sulfure de calcium ou tout autre non nuisible à la vigne. C'est là un surcroît très minime de dépense et qui peut, le cas échéant, éloigner le phylloxera au moment où ses atteintes ne seraient peut-être pas sans danger.

M'adressant à des vignerons, je considère comme tout à fait inutile d'entrer dans aucun détail sur la taille et la conduite des vignes américaines, soit avant qu'elles aient reçu leur forme, leur charpente définitive, soit après.

Ces opérations ne diffèrent en rien de celles que nous

pratiquons sur nos souches en treille ou en espalier, souvent plantées à des distances plus considérables que celles exigées par les cépages américains.

On leur donnera donc des bras divergents, à plusieurs étages même, si ces cépages sont établis contre un mur élevé; et sur ces bras, on laissera ou des cornes (courts bois), ou des arçons (longs bois) et souvent l'un et l'autre, suivant les circonstances. Le vigneron est le meilleur juge des besoins de sa vigne, et la vigne américaine a peu à redouter du seul excès par lequel il pèche habituellement, celui de laisser trop de bois.

Je ne quitterai cependant pas ce sujet sans faire connaître un système d'armature que j'emploie depuis plus de vingt ans pour nos vignes indigènes et qui s'adapte parfaitement à la conduite des vignes américaines.

Comme on le verra, c'est là une armature excessivement économique, et dans son établissement, et dans son entretien, et dans les façons qu'elle facilite, ce qui n'est pas à dédaigner aujourd'hui que la cherté toujours croissante de la main d'œuvre réduit constamment le bénéfice du producteur.

Soit à établir une vigne d'un hectare :

Les lignes étant distantes de trois mètres entr'elles et les ceps sur la ligne à trois mètres les uns des autres, j'ai trente-trois lignes de cent mètres de long, comptant chacune trente-trois souches.

Aux deux bouts de chaque ligne, je place un poteau enterré d'un mètre en terre, ayant soin de combler le trou, non avec de la terre qui cède toujours, mais avec des cailloux secs qui offrent au tirage la même résistance qu'une maçonnerie. Je plante ensuite un fort échalas à côté de chaque souche; enfin, d'un poteau à l'autre, et fixés sur tous les échalas au moyen de crampillons, j'établis trois rangs de fils de fer; le premier, le plus bas, sert à attacher les longs bois de nos plants de pays et servira à fixer les bras divergents de la vigne américaine; le second sert au premier relevage, et lorsque les sarments ont atteint une grande longueur, on les tord simplement autour du troisième sans frais d'aucune espèce de lien.

Voici le coût de cette armature :

66 forts poteaux à 75 cent. l'un. . . .	49,50
1,100 forts échalas à 100 fr. le mille . .	110,00
660 kilogrammes fil de fer n° 18, à 400 fr. les 1,000 kil	264,00
Crampillons (environ)	6,50
Total.	430,00

non compris les frais de main d'œuvre, variables suivant les localités, peu importants en tous cas, et que chaque vigneron est à même d'évaluer à quelques francs près.

J'ai de ces armatures établies depuis plus de vingt ans en bons poteaux et échalas de mûrier et de châtaignier, et qui jusqu'aujourd'hui n'ont exigé d'autres réparations que le remplacement successif et inaperçu d'une petite partie des échalas.

Ce genre d'armature peut en outre se prêter à un système de conduite de la vigne que j'ai l'intention d'appliquer au Clinton, et qui m'a été suggéré par la tenue de cette variété à sarments si grêles et se soutenant si peu, qu'ils retombent le long de l'échalas, et si près de lui qu'on ne sait presque s'ils viennent d'en haut ou d'en bas.

Ce système consisterait à fixer les bras du Clinton, non

sur le fil de fer inférieur, mais sur le plus élevé. Les pampres retomberaient ainsi à droite et à gauche, sans trop s'écarter ; et si leurs vrilles ne suffisaient pas à les attacher les uns aux autres, il n'y aurait, pour les arrêter, qu'à faire passer ceux de droite à gauche et ceux de gauche à droite du second fil de fer. Ces pampres formeraient ainsi un X à cheval sur ce fil qui les tiendrait immobiles.

Le seul inconvénient de ce système, qu'on pourrait appeler culture de la vigne à branches retombantes, sera un léger retard dans la maturité du raisin.

Mais, si je ne me trompe, ce défaut sera compensé par de nombreux avantages : tenue plus certaine du fruit ; garantie contre les gelées de printemps bien à redouter pour le Clinton qui débourre avant les gamais ; suppression du second et peut-être du premier relevage, et par suite suppression d'un ou deux rangs de fil de fer.

De la multiplication des vignes américaines.

La plantation des vignes américaines ne doit pas être faite avec de simples boutures ; d'abord, parce que la plupart de ces vignes reprenant difficilement par ce procédé, on s'exposerait ainsi à avoir un grand nombre de manquants, et aussi, parce qu'il importe, comme je l'ai dit bien des fois, de donner rapidement à ces vignes la vigueur qui leur est nécessaire pour résister au phylloxera.

On devra donc se servir exclusivement de plants enracinés d'une feuille et, ce qui vaudrait encore mieux, de deux feuilles, et n'admettre que les sujets parfaitement constitués.

Les moyens employés pour avoir des plants enracinés sont : le bouturage de sarments à plusieurs yeux ; le bouturage d'yeux détachés ; le semis et le marcottage.

Du bouturage de sarments à plusieurs yeux.

Une précaution indispensable pour obtenir de ce procédé tout le résultat qu'il peut donner, c'est de faire stratifier les sarments pendant tout l'hiver sous une bonne couche de terre ou de sable qu'on aura soin de tenir constamment humide. Je donne la préférence au sable parce qu'il pénètre parfaitement entre les sarments, qu'il conserve mieux sa fraîcheur, et que, le moment venu, l'extraction et la préparation des boutures se font d'une manière bien plus commode.

La bouture à mettre en pépinière ne doit pas avoir plus de trois yeux, deux seraient suffisants. On coupe la partie inférieure juste au-dessous de l'œil et la partie supérieure à quatre ou cinq centimètres au-dessus de l'œil.

Le terrain de la pépinière doit être riche par lui-même, bien défoncé et largement fumé. Sur ce terrain, on creuse, distantes entr'elles de trente à quarante centimètres, des rigoles de quatre à cinq centimètres de profondeur, et dans ces rigoles on plante les boutures de manière que l'œil extérieur en affleure le fond. Il est inutile de mettre entr'elles plus de cinq centimètres d'écartement, surtout si elles doivent être arrachées dès l'hiver suivant; mais il faut avoir soin de bien serrer la terre autour, la reprise étant impossible si la bouture est mal fichée.

Cela fait, on remplit la rigole avec du sable fin jusqu'à la hauteur des quatre ou cinq centimètres de bois qu'on a laissés au-dessus de l'œil externe de la bouture. Le sable vaut mieux que la terre, parce qu'il ne durcit pas et ne présente aucune résistance à la sortie des pousses. Par cette précaution, que je ne saurais trop recommander, on garantit la bouture, et contre le soleil qui ne peut plus la dessécher, et surtout contre les gelées de printemps qui ne peuvent plus atteindre que la partie de la pousse au-dessus de la couverture de sable. J'ai ainsi entièrement sauvé, il y a une quinzaine d'années, une collection de plants que je tenais du comte Odard.

Du bouturage d'yeux détachés.

C'est là un mode de propagation que je ne conseille à personne, au moins comme je l'ai pratiqué.

Je l'ai essayé en pleine terre de jardin riche et fumée sans mesure, par tronçons de sarments à œil unique, sur cinq cents Jacquez, cinquante Herbemonts, cent Cuningham et deux cents Clintons. Tous ont d'abord poussé avec un ensemble merveilleux à travers la couche de sable qui les recouvrait; mais les vides n'ont pas tardé à se faire, si bien qu'aujourd'hui les Herbemonts ont complétement disparu et que des autres variétés il ne reste plus qu'environ trente Jacquez, dix Cuningham et quarante

Clintons, et encore le tout très peu satisfaisant comme développement.

Des semis.

Le semis m'a donné un bien meilleur résultat.

M. Laliman m'ayant gracieusement envoyé un paquet de graines de Jacquez, je les ai semées fin avril, beaucoup trop dru, ne comptant pas sur une levée aussi générale. Ces petits sujets, quoique confondus pour ainsi dire, poussent admirablement, et beaucoup, à la fin de la saison, auront certainement des sarments de plus d'un mètre.

Mais le semis n'est pas sans inconvénients, et ces inconvénients, les voici, tels que les expose M. Planchon :

« D'abord, dit-il, on n'est pas sûr, en semant une variété perfectionnée, de ne pas retourner plus ou moins vers le sauvageon d'où elle dérive. M. Fuller pense que sur 1,000 plants ainsi obtenus, on doit s'estimer heureux s'il s'en trouve un qui soit en progrès sur la variété mère. En second lieu, les vignes américaines étant (comme notre Lambrusque, du reste) polygamo-dioïques, le semis donne beaucoup de pieds mâles qui ne sauraient porter fruit ; enfin, les pieds du semis mettent de trois à dix ans à montrer leur vraie nature par leurs raisins, et ce sont d'habitude les moins bons qui dans un semis collectif devancent à cet égard les meilleurs. Aussi ce mode de propagation sera-t-il toujours une ressource exceptionnelle pour la recherche de variétés nouvelles, et non un moyen pratique de multiplier les anciennes. »

Je ferai cependant remarquer que, s'il est vrai, comme on le prétend généralement, que le semis soit un moyen d'obtenir de nouveaux sujets plus vivaces que la variété mère, ce procédé, appliqué aux espèces déjà reconnues comme les plus résistantes, ne pourrait moins faire que de donner d'excellents porte-greffe. A ce point de vue, le semis peut être appelé à rendre de grands services.

Du marcottage.

Le marcottage ordinaire, celui qui consiste à abaisser un sarment dans une tranchée peu profonde où on l'étend, l'extrémité redressée hors de terre, est connu de tous les vignerons. Dans ce procédé chaque sarment donne un beau plant enraciné, mais n'en donne qu'un.

Le procédé américain de M. Fuller a le grand avantage de faire produire au sarment autant de plants qu'il a de bourgeons bien constitués. A cet effet, on creuse une simple rigole dans laquelle on couche le sarment et l'on comble cette rigole à mesure que les pousses se développent.

Je suis d'avis de laisser le sarment en l'air émettre ses pampres en toute liberté et de ne le coucher que lorsque les gelées de printemps ne seront plus à redouter.

Avec ce système, on peut obtenir un grand nombre de très beaux plants enracinés, si la souche mère est vigoureuse et qu'on n'économise aux jeunes sujets ni l'engrais, ni les binages.

De la greffe de la vigne.

Il est certain, dès aujourd'hui, que plusieurs variétés de vignes américaines résistantes ne peuvent être avantageusement cultivées pour leurs propres produits.

Ainsi le Solonis, placé par M. Laliman à la première ligne des plants résistants, ne donne que des raisins sans mérite. Le Taylor, autre plant très résistant, donne, il est vrai, très-bon, mais trop peu.

Toutes ces vignes, et me voici amené à l'examen de la question posée plus haut, toutes ces vignes peuvent-elles être appelées à se transformer par la greffe en nourrices de nos vignes indigènes et permettre ainsi à tous nos crûs, si remarquables par les qualités aussi variées qu'inimitables de leurs produits, de conserver, avec leurs cépages, ces vins qui sont la gloire de quelques-uns et la richesse de tous?

Certainement, il serait téméraire d'affirmer un fait aussi considérable avant que les nombreuses expériences actuellement en cours d'exécution en aient fourni la preuve directe dûment sanctionnée par le temps. Cependant tout fait prévoir dès aujourd'hui que le résultat sera favorable dans son ensemble.

M. Laliman a, depuis plusieurs années déjà, greffé des vignes françaises sur des vignes exotiques résistantes, et ces vignes ont continué à résister. De toutes parts, en outre, on signale le succès, dans une mesure inespérée, des greffes-boutures dont je parlerai tout-à-l'heure, et l'on remarque avec satisfaction que le pied américain de ces greffes développe ses racines avec la même énergie, avec la même abondance que si elles nourrissaient leur propre bois.

N'y a-t-il pas aussi un augure favorable à tirer de la végétation vraiment extraordinaire des vignes françaises déjà nombreuses que la greffe a transformées en vignes américaines ?

Ce magnifique développement de la vigne américaine sur la vigne française, n'indique-t-il pas que l'union de ces deux vignes, de constitution différente, n'amène aucun trouble, aucun désordre dans le fonctionnement des organes utilisés ? Et dès lors, qu'importe que les rôles donnés à chacun d'eux soient intervertis ?

Le danger à craindre, ce me semble, c'était qu'un défaut d'appropriation, de convenance du bois des deux vignes, ne fit obstacle à la transmission de la sève de l'une à l'autre. Or, cette transmission est parfaite ; dans une vigne de six hectares que j'ai fait greffer en mars et avril derniers, on peut voir des greffons qui, par le bourgeon unique laissé hors de terre, ont émis de vraies touffes de sarments dont plusieurs mesurent cinq à six mètres. C'est une végétation inouïe et qui ne doit laisser aucune appréhension sur l'avenir de ces nouvelles souches.

Je redoutais tellement un péril pour elles du chef d'une circulation imparfaite de la sève, que plusieurs de mes greffons s'étant desséchés après avoir cependant fait de belles pousses, j'ai tenu à me rendre compte de la cause de leur dépérissement, et pour tous, sans aucune exception, j'ai pu constater qu'ils avaient péri sous les morsures des vers blancs qui avaient entièrement rongé leur écorce. Aussi toutes les fois qu'averti par le premier flétrissement des feuilles, j'ai pu surprendre la larve à l'œuvre et la détruire, le greffon, ne lui resta-t-il qu'une lanière d'écorce sans solution de continuité, ne tardait pas à recouvrer sa vigueur.

Je me permets ici une petite digression pour mentionner deux faits que mon opération de greffage m'a mis à même de bien constater.

Ayant greffé trente variétés américaines sur plus de cinquante variétés françaises représentant les principaux cépages de nos vignobles de l'Est, de l'Ouest et du Centre, j'ai remarqué qu'une fois la soudure faite, la végétation se développe sans différence appréciable, quelles que soient les variétés de vignes auxquelles appartiennent le greffon et le porte-greffe.

J'ai aussi remarqué que les vignes américaines employées à l'état de greffon montrent à reprendre, la même aptitude relative que leurs simples boutures mises en pépinière.

Ainsi, la part faite à l'inexpérience de mes ouvriers dont aucun n'avait jamais greffé un pied de vigne, si la reprise des Clinton et des Taylor a été à peu près générale, elle a à peine atteint la moitié pour les variétés du groupe des Œstivalis, descendant pour les Mustang à une proportion beaucoup plus faible. Sur cent greffons de cette dernière vigne, très frais, parfaitement constitués, seize seulement ont repris, et encore suis-je bien convaincu, par le peu de longueur de leurs pousses, que sept d'entr'eux n'ont repris que comme simples boutures. Au reste, en taillant les greffons, j'avais été frappé par la dureté et la finesse du grain du bois du Mustang.

Dès l'instant qu'il s'est agi de planter des vignes avec des cépages à pied américain et tête française, cépages que j'appelle américo-français, on a dû chercher à abréger le temps exigé, d'abord pour la plantation, ensuite pour le greffage, et enfin pour le remplacement des manquants, toutes opérations qui semblent ne pouvoir s'effectuer que successivement et d'année en année.

M. Bouchet a résolu ce problème par la bouture-greffe qui consiste tout simplement à greffer une bouture française sur une bouture américaine, les deux n'en formant ainsi qu'une qu'on plante à demeure ou en pépinière, suivant la méthode ordinaire.

Je renouvelle ici, pour les vignes américo-françaises, la recommandation que j'ai déjà faite pour les vignes américaines, de ne planter à demeure que des sujets enracinés. Les motifs sont absolument les mêmes.

Ceux qui possèdent déjà des vignes américaines peuvent obtenir de bons plants américo-français par la greffe-marcotte. Pour cela, il n'y a qu'à greffer avec une variété française l'extrémité du sarment américain un peu avant sa sortie de la tranchée où il a été couché, ou bien au-dessus, au point le plus commode, lorsqu'on aura le moyen de greffer par approche. En faisant la même opération sur le sarment marcotté d'après la méthode Fuller, on obtiendra un résultat plus avantageux encore puisqu'on aura, sur le même sarment, un plant américo-français et plusieurs plants américains. On pourra même, après avoir la première année détaché le plant américo-français, laisser les autres en place ; en les greffant à leur tour, soit à la fente, soit par la greffe anglaise, soit par approche, on aura autant de nouveaux sujets au bout de la seconde année.

Il serait, je crois, d'une haute importance de dénommer ces nouvelles vignes américo-françaises des noms de leurs deux auteurs, de dire par exemple : Clinton-Serine ; Taylor-Pineau ; Jacquez-Carmenet, etc.

Cette précaution faciliterait les études des viticulteurs, non seulement sur la vigueur et la résistance respectives de ces nouvelles vignes, mais encore sur l'influence que la nature du pied peut exercer sur la qualité du fruit, notamment sur sa maturation. Le vice d'une combinaison une fois signalé, serait évité ; comme aussi l'avantage résultant d'une autre combinaison serait mis à profit, et de la sorte, chacun ajoutant son expérience à l'expérience acquise, on irait en avant, sans louvoyer, sans risquer même de revenir sur ses pas.

La greffe peut s'appliquer non seulement aux vignobles à créer, mais encore aux vignobles existants.

Tous les viticulteurs que préoccupe la question du phylloxera connaissent l'entreprise de M. Fabre, ancien député du Gard, qui le premier a inauguré l'introduction en grand des cépages américains, et n'a pas craint de greffer avec ces cépages une partie de son vignoble de Fournel, plus ou moins atteint par le puceron.

Des tentatives de ce genre, alors même que les résultats n'en sont pas tout à fait satisfaisants, sont toujours dignes d'éloges. Par leur importance elles frappent l'attention, permettent des études comparatives et donnent toujours une impulsion à l'idée qui les a suggérées.

Je suis loin cependant de conseiller à tous la hardiesse de M. Fabre. La greffe sur des pieds plus ou moins souffrants m'a toujours paru si irrationnelle que, bien qu'elle me fût conseillée par M. Laliman lui-même, je n'ai voulu l'essayer que sur une quarantaine de souches environ phylloxerées à des degrés divers; et le résultat, je peux le dire, a été de tous points conforme à celui que le simple raisonnement me faisait prévoir. Sur les souches mourantes, le greffon est mort; sur celles qui languissent, il languit aussi, et si quelques-uns ont émis de beaux sarments, c'est, à en juger par les souches voisines, parce que les pieds nourriciers ont encore une certaine vigueur.

Si donc on court le risque de voir les greffons donnés à des souches contaminées, ne reprendre que comme simples boutures, il y a évidemment mieux à faire que de les placer dans un pareil milieu, où ils sont peut-être appelés à remplacer de vieux ceps, sans qu'aucun repos préalable, aucun défoncement nouveau aient préparé le sol à recevoir une nouvelle plantation.

Voici ce que j'ai fait moi-même:

Toujours dominé par cette pensée qu'on doit placer la vigne américaine dans les conditions les plus favorables à sa bonne constitution, j'ai fait choix d'une vigne de trois à cinq ans, très-vigoureuse et plantée en terre excellente. Les lignes étant distantes de trois mètres, et les souches sur la ligne de quatre-vingts centimètres, je n'ai eu à greffer qu'une souche sur trois ou quatre, ce qui m'a permis de conserver en plein rapport plus des deux tiers de ma vigne.

Mais, tout d'abord, j'ai eu à me demander si je devais pratiquer la greffe sur le pied récépé à trente ou quarante centimètres sous terre, ou s'il ne valait pas mieux arracher ce pied et, dans une fosse de quatre-vingts centimètres de long et de cinquante centimètres dans tous les autres sens creusée à sa place, amener un sarment de la souche voisine que j'aurais greffé avec un sarment américain, en prenant le soin de faire occuper à ce dernier le fond tout entier de la fosse.

Ce dernier parti était évidemment le meilleur.

La greffe-provin m'aurait donné de suite des souches américaines établies sur un bon système radiculaire que j'aurais pu affranchir au bout d'un an ou deux.

Mais, pour employer ce procédé, il m'aurait fallu des boutures de plus d'un mètre de long, et celles que j'avais reçues n'avaient guère plus de quarante centimètres. J'ai donc été obligé, à mon grand regret, de greffer à la fente sur les souches coupées aussi bas que possible; système défectueux, parce que le greffon, alimenté par la sève qui lui arrive en abondance, n'est pas même sollicité à émettre de fortes racines, et qu'il est impossible de l'y contraindre par sa séparation d'avec le pied auquel il est soudé.

Aussi suis-je décidé à remplacer tous les manquants au moyen de la greffe-provin, et à provigner le plus beau sarment des souches qui ont repris, afin de pouvoir les supprimer elles-mêmes. De la sorte, j'aurai une vigne américaine franche de pied, solidement établie; que si plus tard je ne suis pas satisfait de ses produits, j'aurai, par la greffe, la facilité de la transformer de nouveau en vigne indigène; et si le phylloxera laissait vivre jusqu'alors mes pieds français intercalés, je pourrais, pour cette transformation, me servir de la greffe par approche, très avantageuse parce qu'elle n'apporte aucune interruption dans le produit.

Cette greffe, comme on sait, se pratique, dans le cas donné, en engageant un sarment de la variété française écorcé au point de contact, dans une rainure ouverte au moyen d'une gouge recourbée sur le tronc américain rabattu à quelques centimètres au-dessus du sol. L'année suivante on coupe le sarment français un peu au-dessous de la soudure.

Je ne donne pas de détails sur l'opération mécanique de la greffe. Si claires, si circonstanciées que seraient les explications, elles ne sauraient se passer de gravures parlant aux yeux; et même ainsi elles ne vaudraient jamais une leçon de quelques minutes donnée, les outils à la main, par un praticien comme il s'en trouve presque partout. Je ne fais qu'une recommandation, c'est de former le biseau du greffon, lorsqu'il y a lieu à biseau, de manière que la moëlle apparaisse tout entière vers le milieu d'une des deux coupes et que le biseau finisse en bois plein et non en une sorte de fourche dont le milieu serait occupé par la moëlle.

Classement des cépages américains dans l'ordre de leur résistance.

Voici le classement de ces vignes, tel que le donne M. Planchon, en descendant des plus résistantes aux moins résisantes, sans établir la résistance relative des variétés de chaque groupe, et en excluant de la liste toutes les variétés dont la résistance est douteuse :

1° Scuppernong;

2° Herbemont, Cuningham, Norton, Hermann, Jacquez, Lenoir et en général tous les Œstivalis :

3° Clinton, Taylor, Golden-Clinton, Marion, et en général les Cordifolia ou Riparia ;

4° Concord, Yves-Seedling, Dracut-Amber, Israella, Martha, Christine de Fuller, Yorck-Madeira (Vorlington de M. Pulliat).

M. Laliman est moins précis.

Lorsqu'il s'occupe des cépages américains au double point de vue de leur résistance et de la valeur de leur produit, il n'admet guère comme méritants à ces deux titres, que les Jacquez et Lenoir, le Cuningham, l'Herbemont, le Clinton, le semis de Clinton et le Yorck Madeira.

Si au contraire il ne les considère que sous le rapport de la résistance et de leur valeur comme porte-greffe, il ajoute à la liste le Taylor et le Solonis.

Voici, je crois, sa classification telle qu'elle me paraît ressortir des documents qu'il a publiés :

En première ligne, *ex œquo* : Jacquez et Lenoir, Cuningham, Herbemont, semis de Clinton, Taylor, Solonis.

En seconde ligne ; Clinton, Yorck-Madeira.

Le semis de Clinton est une variété gagnée par M. Laliman lui-même. Son bois est plus gros que celui du Clinton ordinaire, sa feuille plus ample, et sa végétation au moins égale si elle n'est supérieure. Ce viticulteur éminent m'écrivait, il y a quelques jours, qu'il n'a jamais perdu un seul pied de cette variété, et que comme porte-greffe il la plaçait avec le Solonis, c'est son expression, au n° 1.

Il ne serait que juste de donner à cette vigne le nom de celui qui l'a obtenue, et de l'appeler Clinton-

Laliman. C'est ce que j'ai fait dans ma plantation, et c'est sous ce nom que je le distribuerai.

Comme on le voit, M. Laliman n'admet aucun Labrusca, car pour lui le Yorck-Madeira est un hybride (sans doute de parents américains). Je serais bien porté à être moins exclusif. Mais comme les cépages reconnus résistants par tous et partout, peuvent suffire à tous les besoins et qu'ils comprennent les variétés le plus remarquables, le vigneron fera prudemment de s'y tenir exclusivement, et d'attendre que les autres variétés, soumises à la méthode expérimentale, la seule admissible en pareille matière, aient conquis leur brevet de résistance.

Que si, sur la question d'un choix à faire même parmi les cépages les plus résistants, j'étais appelé à donner mon avis, je n'hésiterais pas à engager le vigneron, surtout s'il demandait des porte-greffe, à donner la préférence au groupe des Cordifolia ou Riparia, c'est-à-dire au Clinton, au Taylor et au Solonis.

Je suis en cela de l'avis de ce vigneron américain dont parle M. Planchon, et qui regardait le Clinton, auquel j'ajoute ses congénères, comme le plus rustique de tous les plants de son pays. En effet, les variétés de ce groupe ont un aspect général de santé si parfaite, qu'on serait vraiment embarrassé si l'on avait à formuler des *desiderata* sur ce point.

Parmi les Œstivalis au contraire, l'Alvey, l'Elsimboro et quelques pieds de Jacquez, environ le dix pour cent, ont été atteints chez moi, les uns dès l'émission de leurs premières pousses, les autres plus tard, d'une maladie que nous appelons ici des divers noms de cloque, rouille.

frizon, et cela avec une intensité que je ne lui avais jamais vue. Pampres rabougris et semblant faire de vains efforts pour se développer, feuilles recroquevillées, taches brunes rongeant le bois, tous ces caractères ont pris sur ces trois Œstivalis un développement qui est allé jusqu'à la destruction des sarments. Un moment j'ai pensé qu'un insecte seul pouvait creuser ces sortes de chancres profonds aux bords abruptes ; mais mes recherches à la loupe recommencées cent fois ne m'en ont fait découvrir aucun, et finalement un examen comparatif et minutieux de ces bois malades avec des bois indigènes présentant des phénomènes identiques, m'a convaincu que c'était bien notre frizon, notre rouille qui les affectait tous, mais le cep américain à un degré beaucoup plus grave que le cep de pays.

M. Laliman, à qui j'ai fait part de ce fait, m'a répondu qu'il ne s'était jamais produit chez lui. Il faut donc espérer qu'il n'y a là qu'un accident à porter au compte de la température fâcheuse de l'année ; car s'il devait se renouveler et surtout se généraliser, il est certain qu'ici, Isère et Drôme nord, il faudrait renoncer à la culture de ces Œstivalis à tout autre titre que comme porte-greffe.

Comme autre motif de la préférence que je donne aux Cordifolia, je dois mentionner leur extrême résistance au froid, qui est telle que, d'après M. Laliman, aucun d'eux n'a succombé, même à Paris, pendant les hivers rigoureux de 1829 et 1870. Les Œstivalis, cépages du sud, sont plus sensibles.

Je finis par une recommandation dont l'importance se fait sentir d'elle-même : c'est de ne planter que des vignes parfaitement authentiques. Quel mécompte en effet donnerait, sous tous les rapports, une plantation faite avec des cépages faussement étiquetés de noms de cépages résistants. Au vigneron donc à s'entourer sur ce point de toutes les garanties, dont la meilleure sera toujours l'honorabilité du fournisseur.

Août 1875.

APPENDICE

J'avais terminé cet opuscule, lorsque j'ai eu connaissance du compte-rendu des travaux du congrès interdépartemental tenu à Montpellier le 23 juin dernier, congrès dans lequel les six départements le plus atteints par le phylloxera : Bouches-du-Rhône, Vaucluse, Aude, Gard, Hérault et Var, étaient représentés par les sommités viticoles et scientifiques de chacun d'eux.

J'avoue qu'en lisant ce document, et surtout les conclusions qui le terminent, j'ai éprouvé cette satisfaction intime que doivent ressentir tous ceux qui, voués à la propagation d'une idée qu'ils croient bonne, la voient conquérir l'opinion des personnes le mieux en situation d'en apprécier la valeur.

La vigne américaine, employée comme moyen de neutraliser les effets du phylloxera, aurait certainement fini par faire son chemin, comme toute vérité ; mais livrée à des efforts individuels, méconnue, calomniée par quelques-uns, rejetée par d'autres, sans examen, sans discusssion, elle l'eût fait bien lentement, n'avançant que par l'évidence des résultats, et ce au grand détriment de la viticulture française.

Aujourd'hui qu'un congrès autorisé proclame l'inévitable nécessité de recourir aux cépages américains résistants, nul doute que sa voix ne soit entendue au loin et ses conseils suivis.

Aussi me bornerais-je à donner ici les conclusions de ce compte-rendu, si les observations dont quelques organes de publicité ont accompagné sa reproduction ou son analyse, ne m'amenaient à revenir sur certains faits, sur certaines données que je n'ai fait qu'effleurer.

L'un d'eux proclame la vigne en danger, parce que, d'après lui, la création de vignobles américains « ne sera autre chose que la formation et l'entretien de nombreux et énormes foyers d'infection, » et il va jusqu'à se demander si l'Etat ne devrait pas, par une loi de salut public, ordonner la destruction de toutes les vignes américaines existantes.

La simple proposition d'une mesure aussi draconienne ne peut être légitimée que par l'importance du résultat en vue.

Je cherche donc ce résultat.

Si le phylloxera est effet, ce n'est certainement pas en brûlant la vigne américaine qu'on guérira la vigne française.

Si le phylloxera est cause, pourquoi détruire les vignes qui lui résistent? Parce que, dit-on, « ces vignes le nourrissent et favorisent sa reproduction sans en mourir et le faire périr avec elles. »

Résultat final: plus de vignes américaines parce qu'on les aura détruites, et plus de vignes françaises parce que le phylloxera les aura tuées, sauf à disparaître avec elles.

Ce système, c'est à la première apparition du mal qu'il aurait fallu l'appliquer. Mais alors on ne connaissait pas l'ennemi qu'on avait en face, et lorsqu'on l'a connu, on s'est trouvé impuissant à le combattre.

Aujourd'hui, pour sauver ce qui reste de nos vignes françaises, il faudrait, ce qui est matériellement impossible, extirper non pas les vignes américaines, mais toutes les vignes phylloxerées et même simplement soupçonnées de l'être, c'est-à-dire tous les foyers du mal sans aucune exception. Et encore, cet immense sacrifice accompli, quelle serait la ligne douanière qui pourrait s'opposer à une nouvelle introduction de l'insecte, inconsciente ou criminelle?

Une autre feuille, loin de solliciter des mesures aussi radicales, voit tout en rose. Pour elle le phylloxera est presque calomnié; les dommages qu'il a causés sont à peine appréciables, et puis il s'en ira, il s'en va même; la preuve, c'est que les vignes ressuscitent.

Rien ne saurait troubler le repos de ceux qui pensent ainsi; il faut donc les laisser dans cette quiétude indifférente, attendre que l'eau du fleuve ait coulé pour le traverser. Evidemment aucun intérêt ne les appelle de l'autre côté.

Je passe d'autres théories dont l'énoncé seul prouve que leurs auteurs, viticulteurs de cabinet, ne connaissent la vigne que de nom et ne s'en sont jamais occupés que du bout de leur plume. Je serais ainsi amené, ce que j'ai déjà évité et ce que je veux éviter encore, à la discussion oiseuse d'innombrables méthodes curatives du phylloxera, parmi lesquelles la plus fantaisiste n'est pas, comme cependant on serait porté à le croire, ce fameux sécateur dont l'usage à la taille suffit à guérir la vigne du terrible aphidien; et j'arrive à une doctrine sérieuse, soutenue celle-là par des hommes éminents, et notamment par M. Joigneaux, l'écrivain agronome le plus judicieux, le plus pratique de notre temps.

Dans cette doctrine, qui passe condamnation sur nos vignes indigènes qu'elle déclare usées, à leur fin, et qui dédaigne, sans la proscrire, la vigne américaine, on demande la reconstitution du sol épuisé, dit-on, et dans ce sol remis à neuf, la plantation de la vigne de l'avenir, la vigne régénérée.

Avant que les faits phylloxeriques observés en France et en Amérique eussent remplacé les hypothèses par des certitudes, j'appartenais à cette école, sauf toutefois en ce qui concerne la prétendue décrépitude de nos cépages, car on ne doit jamais plier un fait pour l'adapter à un système, et certes la vue quotidienne de la végétation souvent trop luxuriante de nos vignes ne m'a jamais permis même de soupçonner le moindre appauvrissement dans leur vitalité.

Mais dans le désir tout naturel qu'on a de trouver des causes aux effets, j'étais tout porté à croire que le défaut d'espacement des souches, une taille trop courte, un sol fatigué, une nourriture insuffisante ou irrationnelle, pouvaient être autant de circonstances prédisposant nos vignes aux attaques du phylloxera. Et c'est sous cette impression que je plantai une vigne d'un hectare dans des conditions de choix de sujets, de distance entr'eux, de qualité de terrain, de défoncement et de fumure telles, qu'on peut faire aussi bien, mais mieux difficilement. Aussi, dès la seconde feuille, on eût dit une vigne de cinq à six ans, et sur quelques variétés très-fructifères, telles que le Gamay de Bouze et l'Etraire, on pouvait voir des bois d'une longueur et d'une grosseur étonnantes, porter une pleine récolte. Eh ! bien, ce luxe de santé, attesté par ce merveilleux développement, ne l'empêchera pas de succomber dans un délai prochain. Une tache vient de se montrer dans une vigne contiguë également très-vigoureuse, et, on ne le sait que trop, tout vignoble atteint est un vignoble perdu.

Je reviens au système qui m'a conduit à cet essai que je ne tenterais pas aujourd'hui, et je dis que si je comprends pour certains sols occupés par la vigne depuis un temps immémorial, non pas la nécessité, mais l'utilité de leur déclassement pendant quelques années, je ne comprends pas du tout la possibilité d'obtenir, avec nos vignes qui ne résistent pas au phylloxera, des vignes qui lui résisteraient.

Ces nouvelles vignes, on ne les cherchera certainement pas dans le bouturage, mode de renouvellement qualifié d'artificiel dans le système, bien qu'aussi naturel que l'autre mode, parce que le bouturage reproduit constamment la variété mère sans y rien changer.

On s'adressera donc au semis qui, lui, modifie souvent cette variété ; et je veux bien admettre que par ce procédé on finisse, après des essais qui exigeront peut-être des siècles, par gagner une variété, qui tout en donnant d'excellents fruits, aurait toute la vigueur, toute la rusticité de notre Lambrusque, de notre vigne sauvage. Qu'aura-t-on gagné ? Rien. Car le phylloxera tuera cette vigne comme il tue notre Lambrusque, et cela parce que, si variés, si divers que soient les produits du semis sous les rapports de leurs attributs accidentels, bois, feuilles et fruits, tous conservent la constitution de leur auteur.

Mais je vais plus loin, et j'accorde que, par des procédés que je ne peux concevoir, on arrive, sans hybridation américaine bien entendu, cas auquel on jetterait pardessus bord la vigne asiatique pure, à modifier même sa constitution; qu'aura-t-on gagné? Peut-être une vigne résistante, c'est-à-dire, ce que nous avons, sans recherches et sans attente, dans la vigne américaine.

En cette matière, je crois qu'on s'éloignerait moins de la vérité, si l'on ne perdait pas de vue les lois générales qui régissent les rapports de tous les êtres entr'eux. Il est évident pour moi qu'entre les végétaux d'un continent et les insectes qui vivent à leurs dépens, il existe un certain équilibre, une certaine pondération. Que ce soit là un fait primordial, ou qu'il soit l'œuvre du temps, il existe. Et c'est en vertu de cette loi d'équilibre qui préside à leur co-existence, que la vigne américaine dans son pays, et la vigne asiatique chez nous, vivent et fructifient, quoique souffrant plus ou moins des nombreux insectes ampelophages propres à chacune d'elles, et dont nous ne connaissons probablement qu'une partie.

Dans ces conditions, que pouvait-il advenir et qu'est-il advenu?

Il est advenu qne notre vigne, transplantée à plusieurs reprises en Amérique, y a trouvé une faune pour laquelle elle n'est pas faite et qui l'élimine constamment depuis plus de deux siècles, comme peut-être elle l'a éliminée dès le principe.

Il est encore advenu que le phylloxera, le plus terrible insecte de cette faune exotique, fatalement importé dans nos vignes, s'y livre à ce même travail de destruction et finira par les éliminer de notre continent comme du continent américain.

Dans cette perturbation, un seul fait rassurant s'est produit, c'est l'insensibilité de la vigne américaine à notre propre faune ampelophage, ce qui nous permet de nous l'approprier, et par elle, au moyen de la greffe, de conserver nos propres vignes.

Comme introduction au compte-rendu du congrès inter-départemental, je donne ici la lettre suivante de M. Fabre à M. le ministre de l'agriculture.

Cette lettre, comme on le verra, apporte sa part d'enseignement sur les questions si connexes du phylloxera et des vignes américaines.

St-Clément, près Montpellier, 23 mai 1875.

« Monsieur le Ministre,

« Dans une circulaire récente, adressée aux sociétés d'agriculture et aux comices agricoles, vous recommandez l'emploi des sulfo-carbonates alcalins, que vous considérez comme les substances les plus énergiques pour détruire le phylloxera.

« Vous prescrivez une série de mesures à l'aide desquelles vous pensez qu'il serait possible de circonscrire le terrible fléau, d'en arrêter les progrès et de conserver nos grands crûs du Bordelais et de la Bourgogne.

« Je voudrais, Monsieur le Ministre, pouvoir m'associer à vos espérances, mais j'ai la ferme conviction que les sulto-carbonates ne donneront point de résultats sérieux, et c'est pour cela que je prends la liberté de soumettre à Votre Excellence les observations qui suivent.

« Depuis six ans, j'ai étudié la marche du phylloxera, et j'ai pu constater que, lorsqu'il manifeste sa présence sur un point quelconque par l'arrêt de la végétation, tous les vignobles environnants sont déjà atteints d'une manière plus ou moins grave, en sorte que ce qu'on appelle une tache est bien le signe extérieur de la maladie, mais révèle presque toujours une invasion plus ou moins ancienne et déjà fort étendue. Aussi les taches se multiplient rapidement, et après en avoir supprimé une, on en trouve vingt, trente, cinquante sur des points où la végétation avait continué jusque-là d'une façon normale. Il est donc certain que les mesures que vous prescrivez ne parviendront jamais à refouler ce que vous appeliez les avant-postes de l'invasion phylloxerique.

« Croyez-vous d'ailleurs que les sulfo-carbonates employés à la dose et suivant le mode indiqué par M. Mouillefert, puissent atteindre le phylloxera dans les profondeurs du sol? J'ai plusieurs fois essayé de faire pénétrer d'autres insecticides jusqu'à l'extrémité des racines de la vigne, et l'expérience m'a démontré que la quantité d'eau indiquée par M. Mouillefert comme suffisante pour obtenir ce résultat, devra être au moins quintuplée; il faudra aussi augmenter dans la même proportion le sulfo-carbonate.

De là un accroissement de dépense qui rend le traitement impossible sur de grandes étendues.

« Employés à faibles doses, les sulfo-carbonates donneront des résultats incomplets ; si au contraire on augmente la quantité, non-seulement la dépense s'accroîtra outre mesure, mais la vigne succombera. Les expériences vont être faites et ne tarderont pas à démontrer la justesse de mes prévisions.

« Les engrais intensifs, les soins culturaux, ont donné quelques résultats ; mais c'est une illusion de croire que l'on pourra faire longtemps fructifier la vigne sans la débarrasser de son terrible ennemi.

« Les engrais intensifs surexcitent la végétation, provoquent l'émission de nouvelles racines et peuvent ainsi, dans un sol très riche, prolonger la vie de la plante ; mais l'insecte se multiplie, les grosses racines se désorganisent, et il arrive un moment où l'on n'obtient plus de racines nouvelles ; la végétation aérienne s'arrête forcément et avec elle les fruits disparaissent.

« A quel prix d'ailleurs a-t-on pu obtenir ces résultats éphémères ? Votre Excellence peut se renseigner sur ce point d'une manière exacte ; les expériences de la commission de l'Hérault ont été faites avec le plus grand soin et dirigées par les viticulteurs les plus distingués. Ils vous disent tous que si on a pu galvaniser quelques douzaines de ceps, il n'est point possible de pratiquer sur un grand vignoble un traitement ruineux et complétement inefficace.

« En résumé, Monsieur le Ministre, j'ai la conviction que tous les agents employés jusqu'à ce jour sont mpuiissants à sauver nos vignobles. Cette conviction est ancienne chez moi, et si je ne l'ai point manifestée plutôt, c'est par respect pour les hommes éminents qui se livrent à de laborieuses recherches.

« Aujourd'hui la grandeur du péril et le désir d'épargner à nos viticulteurs des dépenses considérables et de nouvelles déceptions, m'inspirent le désir de rompre le silence.

« Certes, je ne voudrais point porter un défi à la science ; peut-être découvrira-t-elle un jour un agent assez subtil pour atteindre le phylloxera dans les profondeurs du sol, assez actif pour le détruire ; mais quelque infime que soit le prix de la substance employée, comme nous savons qu'il faut agir non-seulement sur toute la surface, mais encore pénétrer à des profondeurs qui varient de soixante centimètres à deux mètres et plus, on ne peut songer à conserver nos vignes par de tels moyens. Nous avons deux millions trois cent mille hectares de vignes ; le traitement, ne coutât-il que cinq centimes par mètre de surface, entraînerait une dépense annuelle de plus d'un milliard. C'est un fardeau que nous ne pouvons supporter et voilà pourquoi j'ai cherché le salut dans une autre voie.

« Il me reste à vous démontrer que j'ai pleinement réussi.

« Vous savez, Monsieur le Ministre, que dès 1869, M. Laliman, de Bordeaux, signalait à la société d'agriculture de la Gironde la résistance de quelques cépages américains qui conservaient dans sa propriété une végétation luxuriante, lorsque déjà tous les cépages européens avaient succombé autour d'eux.

« Le vignoble de M. Laliman était envahi depuis trois

ans, et cette résistance prolongée méritait assurément l'attention de tous ceux qui suivaient avec anxiété la marche du phylloxera.

« Quelque temps après, le docteur Riley, de Saint-Louis du Missouri, publiait une liste de cépages dont il affirmait aussi la résistance. Cette concordance entre les opinions de deux hommes qui n'avaient pu se concerter, donnait à leurs affirmations une grande autorité ; mais il restait à vérifier si l'insecte observé aux Etats-Unis était bien le même que celui qui avait détruit les vignobles de la Provence.

« Il fallait encore s'assurer que les cépages résistants à Bordeaux étaient bien ceux indiqués par M. Riley. Ces deux points ne tardèrent pas à être éclaircis.

« M. Laliman assurait, en outre, que les espèces résistantes recevaient très bien par le greffage les cépages indigènes Il me parut que si ces deux points étaient démontrés, la question du salut de la vigne aurait fait un grand pas, et je me livrai à l'étude des cépages américains.

« En peu de temps, j'acquis la certitude que certains d'entre eux devaient leur résistance, non seulement à leur vigueur exceptionnelle, mais encore à une constitution particulière de leurs racines. Dès ce moment, je n'hésitai plus à affirmer :

« 1° Que l'on pouvait, en toute sécurité, planter certains cépages américains au milieu des foyers phylloxeriques les plus intenses ;

« 2° Qu'une vigne malade pouvait, par un mode de greffage particulier, être transformée dans l'espace de quelques mois en une vigne américaine pleine de vigueur ;

« 3° Que ce mode de greffage permettait de conserver nos cépages indigènes en substituant aux racines malades des racines parfaitement saines, qui braveraient impunément la piqûre de l'insecte.

« Ces affirmations, contenues dans une lettre adressée au président de la société d'agriculture du Gard, trouvèrent beaucoup d'incrédules et quelques contradicteurs parmi nos plus habiles viticulteurs.

« Aujourd'hui, des faits nombreux, éclatants, sont venus me donner raison sur tous les points, et j'ai réuni dans ma propriété les éléments d'une enquête qui fera cesser tous les doutes.

« Dans un canton où toutes les vignes ont été anéanties par le phylloxera, j'ai greffé l'année dernière 60,000 pieds de vignes américaines sur des cépages indigènes attaqués depuis plusieurs années ; tous végètent vigoureusement et beaucoup portent de nombreuses grappes. J'ai également greffé sur 30,000 boutures américaines la plupart de nos cépages européens, et le succès de mes opérations dépasse toutes mes espérances.

« Enfin et pour la seconde fois, j'ai établi de grandes pépinières au milieu de vignes détruites par le phylloxera ; j'affirme que cette année, comme l'an dernier, on ne trouvera point sur les 200,000 boutures plantées dans le courant de cet hiver, une seule racine décomposée par les piqûres de l'insecte.

« Un grand nombre de personnes, et parmi elles M. Pagézy, ancien député de l'Hérault, ont suivi mon exemple et obtenu des résultats aussi concluants.

« Tous ces faits sont parfaitement connus dans les départements du Midi ; les conseils généraux du Gard et de l'Hérault ont bien voulu, sur ma demande, provoquer de nombreuses expériences, et je n'ai pas encore appris qu'un seul des cépages dont j'ai affirmé la résistance ait été détruit par le phylloxera.

« Il vous est facile, Monsieur le Ministre, de faire constater l'exactitude de mes assertions, et lorsqu'il vous sera prouvé que nous pouvons conserver nos cépages, et par conséquent nos grands crûs, en leur donnant des racines résistantes, je suis persuadé que vous reconnaîtrez combien il est urgent de hâter la transformation de nos vignobles dans les pays menacés et d'encourager la replantation dans les départements où la vigne a presque disparu.

« Nous avons déjà perdu 500,000 hectares de vignes ; chaque jour le fléau ronge des étendues considérables, et tarit l'une des sources les plus abondantes de notre richesse publique.

« La valeur du sol, dans les pays phylloxerés, a diminué de plus de moitié ; nos grandes lignes de chemins de fer verront bientôt leurs recettes réduites dans d'énormes proportions, et les budgets de nos grandes villes ne tarderaient pas à se ressentir de cette situation, si l'on persistait longtemps à n'opposer au fléau qui nous ruine que les insecticides et les engrais.

« Je crois, Monsieur le Ministre, rendre un véritable service au gouvernement et au pays en vous faisant connaître le seul moyen qui puisse prévenir un grand désastre et permettre à nos départements méridionaux de réparer les pertes immenses qu'ils ont subies pendant ces dernières années.

« Veuillez agréer, etc.

FABRE,

Ancien député. »

Voici maintenant les conclusions du compte-rendu du congrès inter-départemental de Montpellier.

Le congrès, après avoir d'une part parcouru diverses vignes américaines et y avoir vu « la preuve éclatante, péremptoire, de la résistance de ces vignes au phylloxera ; »

Et après s'être rendu d'autre part au mas de Las Sorres, champ d'essai de la commission du phylloxera, « et s'être assuré de ses yeux, en le déplorant, de l'impuissance radicale des fumiers et des insecticides contre l'ennemi de nos vignobles, »

Conclut en ces termes :

« En résumé, le congrès inter-départemental qui s'est tenu à Montpellier le 24 juin dernier, aura eu pour conséquence de démontrer aux départements si atteints par le phylloxera, que l'importation des plants américains ouvre à notre viticulture des horizons nouveaux, et que, s'il faut désespérer presque de triompher au moyen de fumier et d'insecticides, il faut au contraire recommencer la lutte de plus fort en appelant cette fois à notre aide les cépages d'au-delà l'Atlantique. C'est là un grand résultat et dont l'honneur revient surtout à la commission permanente du Conseil général de l'Hérault qui a su prendre une si heureuse initiative. »

Septembre 1875.

TABLE DES MATIÈRES

Appendice

Vienne, imp. Savigné.

VIGNES AMÉRICAINES

Résistantes au Phylloxera

Jacquez et Lenoir. — Cunningham. — Herbemont. — Clinton. — Clinton-Laliman. — Taylor. — Solonis. — Yorck-Madeira, etc.

S'adresser à M. Robin, propriétaire à Lapeyrouse-Mornay, par Moras (Drôme).

NOTA. — Toutes les vignes de M. Robin proviennent de celles de M. Laliman.

www.ingramcontent.com/pod-product-compliance
Ingram Content Group UK Ltd.
Pitfield, Milton Keynes, MK11 3LW, UK
UKHW021820190726
13853UKWH00003B/1083